LANDSCAPE RECORD
景观实录

社长/PRESIDENT 宋纯智 scz@land-rec.com

主编/EDITOR IN CHIEF 吴 磊 stone.wu@archina.com

编辑部主任/EDITORIAL DIRECTOR 宋丹丹 sophia@land-rec.com
李 红 mandy@land-rec.com

编辑/EDITORS 殷文文 lola@land-rec.com
张 靖 jutta@land-rec.com
张昊雪 jessica@land-rec.com

网络编辑/WEB EDITOR 钟 澄 charley@land-rec.com

美术编辑/DESIGN AND PRODUCTION 何 萍 pauline@land-rec.com

技术插图/CONTRIBUTING ILLUSTRATOR 李 莹 laurence@land-rec.com

特约编辑/CONTRIBUTING EDITORS 邹 喆 高 巍 李 娟

编辑顾问团/ADVISORY COMMITTEE Patrick Blanc, Thomas Balsley, Ive Haugeland
Nick Wilson, Lars Schwartz Hansen, Juli Capella,
Elger Blitz, Mário Fernandes
王向荣 庞 伟 孙 虎 何小弨 黄剑锋

运营中心/MARKETING DEPARTMENT 上海建盟文化传播有限公司
上海市飞虹路568弄17号

运营主管/MARKETING DIRECTOR 刘梦丽 shirley.liu@ela.cn
(86 21) 5596-8582 fax: (86 21) 5596-7178

对外联络/BUSINESS DEVELOPMENT 刘佳琪 crystal.liu@ela.cn
(86 21) 5596-7278 fax: (86 21) 5596-7178

运营编辑/MARKETING EDITOR 李雪松 joanna.li@ela.cn

发行/DISTRIBUTION 袁洪章 yuanhongzhang@mail.lnpgc.com.cn
(86 24) 2328-0366 fax: (86 24) 2328-0366

读者服务/READER SERVICE 宋丹丹 sophia@land-rec.com
(86 24) 2328-4369 fax: (86 24) 2328 0367

图书在版编目（CIP）数据

景观实录. 城市景观更新 / (荷）尼克·卢森编；李婵译.
-- 沈阳：辽宁科学技术出版社, 2017.6
ISBN 978-7-5591-0330-7

Ⅰ. ①景… Ⅱ. ①尼… ②李… Ⅲ. ①城市景观—景观
设计 Ⅳ. ① TU-856

中国版本图书馆CIP数据核字（2017）第161330号

景观实录Vol.3/2017.6

辽宁科学技术出版社出版/发行（沈阳市和平区十一纬路25号）
各地新华书店、建筑书店经销

开本：880×1230毫米 1/16 印张：8 字数：100千字
2017年6月第1版 2017 年6月第1次印刷
定价：**48.00元**
ISBN 978-7-5591-0330-7
版权所有 翻印必究

辽宁科学技术出版社 www.lnkj.com.cn
《景观实录》 http://www.land-rec.com

Please Follow Us

《景观实录》官方网站
http://www.land-rec.com

《景观实录》官方新浪微博
http://weibo.com/LnkjLandscapeRecord

《景观实录》官方腾讯微博
http://t.qq.com/landscape-record

《景观实录》官方微信公众平台 微信号：
landscape-record

媒体支持：

U0345545

LANDSCAPE RECORD

Vol. 3

封面：东伦敦伊丽莎白女王奥林匹克数字创意园。LDA设计公司。罗宾·福斯特（Robin Forster）摄。
对页：希谢恩公园。：SANALarc建筑事务所。赫尔伯格景观事务所。亚历克西斯·沙纳尔、缪拉·沙纳尔摄。
本页：澳洲沃东加枢纽站。澳派景观设计工作室（ASPECT Studios）。安德鲁·劳埃德（Andrew Lloyd）摄。

格兰特景观事务所最新设计发布——新加坡巴耶里巴开发项目

格兰特景观事务所（Grant Associates）日前发布了最新设计作品：新加坡巴耶里巴开发项目（Paya Lebar Quarter）。这是一个大型多功能开发项目，占地约3.9公顷，位于新加坡市中心区，开发商已经公布了项目细节，目前已获得规划许可。该项目投资32亿新元，未来将成为新加坡的新地标，包括三栋A级写字楼、三栋高档公寓以及超过200家商铺，主打多样化的室内外就餐环境。

格兰特景观事务所为该项目打造了公共空间的绿化策略。这个开发区位于如切（Joo Chiat）和加东（Katong）两个区，有着丰富的历史文化底蕴。景观设计使用水景和绿化区，将不同的公共空间联合为一个整个环境，与DP建筑事务所（DP Architects）的建筑设计完美结合。

格兰特景观事务所的景观设计理念从周围的小型公园中汲取灵感，包括周边的小树林以及原来长在芽笼运河边的一棵榕树。整体景观设计的主题来自马来西亚"金锦缎"——一种传统的手工编织的织锦。

巴耶里巴开发项目的景观规划可以分为三个类型：广场、散步大道与阶梯台地、儿童游乐区。广场最为贴近城市环境，将为新加坡增添一个独特的公共空间，可以举办各类文化活动和庆典。散步大道的绿化更为彻底，大道穿过住宅区，旁边的台地带来连绵的垂直景观，让建筑更好地融入周围的景观环境。儿童游乐区为孩子们提供了在花园中玩耍的环境。这里的设计灵感就来自用地上原有的那棵参天榕树，设计师打造了一系列高架步行道，让人们能够跟树木的各个部分，包括树冠，进行亲密接触与互动。

此外，公共空间的设计采用了新加坡"活力、美观、清洁"水计划（ABC）的策略，采用阶梯式"雨水花园"的形式，净化城市雨水径流，改善芽笼运河的水质。

罗斯文化中心国际设计竞赛入围名单揭晓

英国罗斯发展信托基金（Ross Development Trust）联手爱丁堡市议会与MRC咨询公司（Malcolm Reading Consultants）举办的罗斯文化中心国际设计竞赛（Ross Pavilion International Design Competition）日前公布了入围名单，共有七支设计团队入围，将进入第二阶段的设计。

这项国际设计竞赛旨在寻求一支顶尖的设计团队，包括建筑师、工程师、景观设计师以及其他领域的专家，为造价约2500万英镑的罗斯文化中心与花园打造全方位的设计方案。这个开发项目位于爱丁堡市中心，设计团队以建筑师为主。七支入围团队名单如下：

·英国阿德迦耶建筑事务所（Adjaye Associates）

·丹麦BIG集团（Bjarke Ingels Group）

·英国弗拉纳斯-劳伦斯建筑事务所（Flanagan Lawrence）

·英国P\P建筑事务所（Page\Park Architects）

·挪威RRA建筑事务所（Reiulf Ramstad Arkitekter）

·美国wHY建筑事务所

·英国WMA建筑事务所（William Matthews Associates）+日本藤本壮介建筑设计事务所（Sou Fujimoto Architects）

罗斯发展信托基金会主席、竞赛评委会主席诺曼·斯普林福特（Norman Springford）表示："我们很高兴看到来自世界各地的优秀设计师踊跃参与第一阶段的设计。共有125支设计团队提交了方案，设计质量非常之高，这充分显示了国际设计界十分重视爱丁堡的这个开发项目，发现了其中复兴爱丁堡中心区的巨大潜能。

"我们与爱丁堡市议会共同决定了入围名单。竞争异常激烈，评选过程十分艰难。我们很高兴看到最终的名单中既有国际上的知名设计团队，也有来自英国本土的老牌或新锐设计师。现在，这七支团队有11周的时间进行下一阶段的概念设计。我们很期待看到并与公众分享他们的最新设计。"

聚焦绿色校园: 2017年柏林国际学校联盟大会

国际学校联盟 (International School Grounds Alliance) 第六届年度大会将于2017年9月4日至6日在德国柏林举行。大会由 "绿色校园组织" (Grün macht Schule) 和柏林教育、青年与科学 "户外实验室" 管理局 (Berlin Senate Administration for Education, Youth and Science Outdoor Laboratory) 联合主办。

今年大会的主题是 "多样化校园"。大会内容包括讲座、柏林绿色校园参观活动、社区校园绿化实践活动等。建筑师、设计师、教育工作者、景观设计师、规划师和学校领导人将出席大会。

与会代表将得到 "绿色校园组织" 推行的校园绿化策略的第一手资料, 这是该组织25年钻研 "设计、生态与教育之融合" 的研究成果。与会者将看到成功的校园绿化实践, 通过案例分析来学习最新的技术创新和设计趋势, 包括校园绿化设计领域的创新思考, 也会涉及有关校园绿化的推广、筹资与维护。

大会的活动还包括一场交流会、落日泛舟 (听着音乐享受美食) 以及2017年柏林国际园艺博览会 (IGA Berlin) 等。

"绿色校园组织" 发起的绿色校园活动是德国有关环境研究与绿化教育最成功、也是时间最长的一项公益倡议。他们为学校和其他教育机构准备资料, 提供咨询服务, 以期实现校园的生态化建设。

2017年美国艺术文学院建筑奖公布

美国艺术文学院 (American Academy of Arts and Letters) 日前公布了2017年建筑奖获奖名单。美国艺术文学院的年度建筑奖始于1955年, 最初名为 "阿诺德·布伦纳纪念奖" (Arnold W. Brunner Memorial Prize), 后来扩展成四个奖项。今年的获奖者由艺术文学院的会员从27支备选团队中选出。

来自非洲的黑人建筑师迪耶贝多·弗朗西斯·凯瑞 (Diébédo Francis Kéré) 获得2017阿诺德·布伦纳纪念奖。自1955年以来, 该奖项一直为不论来自哪个国家的获奖建筑师提供2万美元的奖金, 以表彰他们在建筑艺术设计领域的突出贡献和影响。

评委会委员、华裔女建筑师钱以佳 (Billie Tsien) 表示, 迪耶贝多·弗朗西斯·凯瑞 "是一位炼金术士", 他 "结合当地材料和技术——泥土和手工劳作, 设计出拥有独特意义和美学的建筑"。在他遍布世界各地的设计作品中, 都能看出当地自然环境和经济背景对他设计的影响, 包括建筑体量、材料选择、建造技术等, 创造出钱以佳所谓的 "一种优雅而丰富的建筑语言"。

艺术文学院1万美元奖金的四位得主分别是:

西斯特·盖茨 (Theaster Gates), 重建基金会 (Rebuild Foundation) 创始人、芝加哥大学艺术与公共生活中心 (Arts and Public Life, University of Chicago) 主任。盖茨将艺术设计应用到城市景观改造中, 关注被人遗忘的空间, 为这类环境的改造创造了平台。

保罗·戈德伯格 (Paul Goldberger), 作家、批评家、讲师。评委会委员肯尼斯·弗兰普敦 (Kenneth Frampton) 表示: "戈德伯格带来的影响是巨大的, 这源自于他能够让读者与建筑之间形成一种相互的欣赏。"

沃尔特·胡德 (Walter Hood), 加州奥克兰胡德设计工作室 (Hood Design Studio) 创始人。评委会委员亨利·科布 (Henry N. Cobb) 表示: "胡德模糊了景观设计、城市设计和公共艺术之间的界线。"

约翰·罗南 (John Ronan), 以其设计的美国诗歌基金会 (Poetry Foundation) 大楼而闻名。评委会委员托德·威廉姆斯 (Tod Williams) 表示: "罗南的设计优雅大气, 延续了芝加哥国际知名的 '严肃建筑' 的历史风貌。" 罗南的设计一贯注重空间和材料的表现, 将未知的环境体验在你面前展开, 引起你的好奇心和探索欲。

国际景观设计师协会公布2017年学生设计竞赛细节

2017年国际景观设计师协会（IFLA）学生景观设计竞赛目前已正式开启。参赛报名截止日期为2017年9月12日。来自各国的评委将在加拿大蒙特利尔第54届IFLA世界景观大会上评选出竞赛的一、二、三等奖。

大赛诚邀景观设计专业的学生或学生团队提交参赛作品，也包括学习景观设计但学校并未正式设立"景观设计专业"的本科生和研究生。

随着全球变暖现象的加剧，可持续开发以及有关能源、食物、水和污染排放等问题已经迫在眉睫。在这样的情况下，我们需要将景观设计放在一个更为宽泛的范畴里来审视，因为景观设计与实践是超出城市范畴之外的。当今这个时代需要我们开阔视野，统筹全局，平衡社会效益和环境效益，对全球的未来发展做好准备。本届IFLA世界景观大会将成为首个跨学科国际设计峰会，以设计为中心，审视环境变化。大会的核心议题是关注自然景观与人造景观的关系，聚焦环境变化和社会平等问题。

景观设计师需要具备一种将各种问题——往往是相互矛盾的问题——综合解决的能力，这种解决需要创造性的能力，将解决方案转化为我们景观环境的变化。这个过程需要通过设计、想象以及大量的实践来实现。因此，作为景观设计师或者是景观专业人士，我们必须进一步凸显我们的领导作用，统领可持续的景观开发，平衡环境品质、生态价值和社会平等的关系。这种综合分析、解决问题、筹划未来的能力是景观设计师所独有的，赋予我们改变当前景观实践的潜能。在跨学科交流的背景下，本届大会为杰出景观设计与实践的推广提供了平台，包括真实的开发实例和设计概念的构想。

今年学生参赛设计的主题是："社会景观"——景观设计与社会平等。设计可以从以下几个方面诠释这个主题：

·内陆地区景观开发蕴含的潜能，包括水力发电、煤矿、石油和天然气、风力和水力等能源。这类开发同时可以兼顾人类生活环境和自然环境

·如何利用景观设计来应对自然灾害和环境威胁因素，包括干旱、洪水、风暴、滑坡等问题，以及如何让景观对社会产生积极的影响

·某些景观可以对经济、社会和政治产生影响，包括积极影响和消极影响；如何改变景观设计的方式，使之更好地适应当前的社会和经济发展模式

2017年雨水管理大会将于华盛顿召开

雨水管理大会（StormCon）是世界上有关雨水污染管理的影响最大的国际会议和贸易展览。2017年的雨水管理大会将于8月27日（周日）至31日（周四）在华盛顿州贝尔维尤市召开。

2017年雨水管理大会将展出雨水管理领域的最新产品和技术，包括雨水过滤和排放设备、存储设备、雨水滞留技术、雨水监测技术、取样技术、感应装置、油水分离技术、工程设备、管线、水阀、密封胶、撇渣器、透水铺装、防洪系统、真空设备、相关软件以及各种咨询和承包服务。一百多家参展商将在会上推出他们的最新产品和服务，预计参展人数将超过2200人，其中包括政府部门雨水管理负责人、雨水管理专家、州级和县级政府代表、联邦政府代表、工程师、承包商、项目经理、咨询公司以及相关产品经销商等。

这也是一场关于雨水管理知识的普及大会，会上将有案例分析、绿色基础设施介绍、雨水项目管理、水质监测、工业雨水管理以及其他更深入的研究课题。

英国大屠杀纪念馆与学习中心设计概念揭晓

2016年9月,英国大屠杀纪念基金会(UK Holocaust Memorial Foundation)组织了大屠杀纪念馆国际设计竞赛。其中10支设计团队参与了此次竞赛,其中10支团队受邀提供了概念设计方案。这些设计目前正在英国各地公开展览。

英国国家大屠杀纪念馆与学习中心将建在英国议会大厦边的维多利亚塔花园中(Victoria Tower Gardens),旨在纪念遭到纳粹迫害的死难者和幸存者。

提交设计方案的团队中包含联手的国际知名建筑师和设计师,新锐设计师提交的方案也令人眼前一亮。这10支团队及其方案分别是:

1. 阿德迦耶建筑事务所(Adjaye Associates)+ RAAL建筑事务所(Ron Arad Architects)+波特&鲍曼景观事务所(Gustafson Porter + Bowman):设计将学习中心、纪念馆以及户外景观融合为一个整体环境,营造了一场统一的感官之旅。一系列空间依次布置,有的适合单人冥想,有的适合集体参观,不论哪一种,都使人完全沉浸其中,充分感受大屠杀的氛围。

2. 联合工程建筑公司(Allied Works)+罗伯特·蒙哥马利景观公司(Robert Montgomery)+奥林景观事务所(The Olin Studio):这个方案的设计不单单是一座建筑,而是创造了一个神圣的环境,让大屠杀幸存者发声。这个环境植根于维多利亚塔花园,融入伦敦的日常生活。设计造型就像犹太教祷告用的一条披巾,将人围在其中,将视线引向议会大厦,凸显了纪念的神圣责任感。

3. 安尼施·卡普尔(Anish Kapoor)+扎哈·哈迪德建筑事务所(Zaha Hadid Architects)+索菲·沃克景观工作室(Sophie Walker Studio):设计理念是用简单的造型来凸显视觉效果和认知冲击。柏树林象征着大屠杀的见证者,代表了逆境中的生命、成长和希望。学习中心完全沉入地下,简单,低调,内部却是别有洞天。

4. 卡鲁索·圣约翰建筑事务所(Caruso St John Architects)+马库斯·泰勒(Marcus Taylor)+雷切尔·维利特(Rachel Whiteread)+沃格特景观事务所(Vogt Landscape Architects):这个设计方案分为两个部分:一部分是位于地面之上的半透明雕塑,另一部分是地面之下的一系列大型空间。雕塑将阳光引入地下最大,也是最重要的一个空间——"声之厅"。人们在这里可以听到大屠杀幸存者的采访录音,直观地了解那些被毁灭的生命、家庭和情感。

5. DSAI建筑事务所(Diamond Schmitt Architects)+ RAA景观事务所(Ralph Appelbaum Associates)+ MSP景观事务所(Martha Schwartz Partners):表现出这场悲剧的分量,以及对残忍无视的结果,便能够实现英国大屠杀纪念馆的初衷,表达英国矢志不忘的誓言。设计的主题是包容,旨在让所有面对威胁的生命重燃希望,不论其信仰、种族、性别如何,因为,钟声为所有人而鸣,即使有时候似乎它只为别人而响。

6. 诺曼·福斯特建筑事务所(Foster + Partners)+米甲·罗夫纳(Michal Rovner)+西蒙·沙玛景观事务所(Simon Schama):设计旨在减小对周围景观环境的影响,一条坡道缓缓通往地下。这样的设计使人想起消失在集中营内的铁轨,或者通向毒气室的棕色砖石铺砌的通道。这就是通向纪念馆的通道设计。

7. 赫尼根&彭建筑事务所(heneghan peng)+波特&鲍曼景观事务所:纪念馆位于地下,游客从花园中经过一系列入口和通道进入。途中他们会听到一些声音,开始只是单人讲述,逐渐加入多人的声音,他们讲述着他们过去经历的那些恐怖的事以及如今我们面临的独裁和暴虐来袭的可怕风险。在这片英国的土地上,这些见证者自由地讲述着他们的避难生活。纪念馆的庭院命名为"耳",抬头能看到维多利亚塔,高耸的维多利亚塔的形象使人想起英国议会、英国人民以及英国传统的民主诺言。

8. JMP建筑事务所(John McAslan + Partners)+ MASS设计集团(MASS Design Group)+莉莉·詹克斯景观设计工作室(Lily Jencks Studio):在犹太人的传统中,在墓地放一颗石头代表家人前来探望一次,纪念逝去的亲人。一个简单的举动,将一代代人联系在一起。犹太人大屠杀这场浩劫,不仅是将近6百万犹太人的大清洗,更是几代人的联系的消逝——多少石头有待摆放于他们的墓地……设计巧妙借鉴了这一传统祭奠仪式。

9. LMA建筑事务所(Lahdelma & Mahlamäki Architects)+大卫·莫利建筑事务所(David Morley Architects)+ RAA景观事务所(Ralph Appelbaum Associates)+ HLD景观设计(Hemgård Landscape Design):纪念馆由正对的两个拱形结构以及一个水池组成。第一个拱形结构介绍了大屠杀始末,第二个讲述了英国人民是如何纪念它的。游客从拱形结构中走过,感受粗糙的空间,象征着沿着集中营的铁路线走过。终点是灭绝营或者是一趟列车旅行,穿越英吉利海峡,进入英国。

10. 李博斯金建筑工作室(Studio Libeskind)+触觉建筑事务所(Haptic Architects)+ MSP景观事务所:仿佛一块黑色的反光金属板切断天空。游客从一条宽阔的木板道上缓缓走来,经过这块金属板,进入地下。进入纪念馆后,游客便沉浸在漫长地下通道的黑暗中,通道的照明来自墙上展览的照明光亮。

Bunurong 纪念公园

项目名称：Bunurong 纪念公园
地点：维多利亚州，澳大利亚
景观设计：澳派景观设计工作室
设计团队：澳派景观设计工作室
摄影师：约翰·高林斯（John Gollings）、
彼得·贝内茨（Peter Bennets）
时间：2016（第一阶段）
项目面积：100 公顷
业主：南部都市公墓信托（SMCT）

有没有可能墓地不仅仅代表着人生的终点？它是不是可以跨越传统狭隘的观念，成为一个所有人共享的现代社区公园？Bunurong 纪念公园正是这样的公园。澳派景观设计工作室 ASPECT Studios 和 BVN Architects、南部都市公墓信托（SMCT）合作，为澳大利亚打造了一个全新的公墓模范。

Bunurong 纪念公园建于 1995 年，于 2016 年 4 月正式开放，开幕仪式由总理 Daniel Andrews 主持，当地原住民也参加了仪式。整个项目占地近 100 公顷，是南部都市公墓信托最新的墓地项目。

Bunurong 纪念公园是一个将澳大利亚特色和现代气息相结合的公园，以美丽的景观、湖景、水景为特色。南部都市公墓信托不仅仅是希望打造一个纪念公园，更是一个可供人们休息、交流的社区公园。

很少有墓地会着眼未来，但是 Bunurong 纪念公园的设计会随着时间而发展。那些在今后 20 年来到公园的人们将会感受今天完全不一样的体验，而我们的挑战就是在于创造一个真正永恒的空间。

澳派景观设计工作室 ASPECT Studios 与 BVN Architects 密切合作，结合澳大利亚本地景观和全新的社区纪念馆趋势，打造全新的体验。位于中心的公园是核心部分，周边是全新设计的教堂和多种设施，如功能中心、葬礼服务中心、咖啡厅和花店。静谧沉思园配有多种宗教室、一系列的水景、全新的墓碑和纪念区。

1. Bunurong 纪念公园不仅是一座公墓，更是当地社区的休闲环境
2. 无论是儿童还是成年人，都能在这里找到适合自己的休闲娱乐方式

2

总体规划图

1. 越过植物，能看到中央的开放式空间
2. 花池
3. 水景让环境更显静谧

奥派景观的设计改变了项目地和周边之间的关系。游客从入口进入，就像进入艺术馆或者经典教堂空间一样，摆脱每日的琐事，进入一个全新的空间，在不同系列的户外空间感受不同的体验。

Bunurong 纪念公园是一个具有丰富体验的空间。人们可以来到这里悼念逝去的亲人，或是参加婚礼，参加会议或者仅仅是喝咖啡。在景观环境内，人们可以用不同的方式悼念亲人。

公园的植物仍是新栽，但是设计的结构对于来访的人们非常清晰。在之后的几个月，全新栽种着澳大利亚花卉的公园将呈现花团锦簇的景色。

1

澳派景观设计工作室 ASPECT Studios 非常高兴能参与到这个项目中，以一种独特的方式看待、尊重生命，并为创造全新的墓地打下基础。

1. 花池中种植各色植物
2. 花园中可以缅怀逝去的亲人，同时这里也是户外休闲空间
3. 这里有着不一样的公墓环境体验，既能缅怀亲人，也能举办婚礼，或者只是坐下喝一杯咖啡

1

东伦敦伊丽莎白女王奥林匹克数字创意园

景观设计：LDA 设计公司
项目地点：英国，伦敦，斯坦福，伊丽莎白女王奥林匹克公园
竣工时间：2016 年
面积：102 公顷
摄影：罗宾·福斯特（Robin Forster）、凯斯·科克（Kath Kok）

项目用地

东伦敦伊丽莎白女王奥林匹克数字创意园（Here East）位于伊丽莎白女王奥林匹克公园西北角。2012 年奥运会期间这里是出版宣传中心。数字创意园的设计重新利用了当时的设施。

设计目标

设计的目标是为一个新兴创意社区提供公共空间，建立当地的区域文化，呼应东伦敦 Hackney Wick 艺术家聚集区的文化氛围。设计通过打造一个"科技枢纽"实现了上述目标。数字创意园将商业与教育相结合，同时，这个项目预期要为当地居民创造 7500 个工作岗位，拉动当地经济增长。

数字创意园的建筑特色鲜明，突出科技感，为当地居民参与社会公共活动创造更多机会。公共空间要将这些建筑物衔接起来，同时，还要强化和促进这里的商业活动和建筑功能。因此，本案的景观必须是建筑及其功能的延伸，是让室内与室外环境融合的手段。

1. 花池也是座椅
2. 散步大道两边植物郁郁葱葱
3. 商铺设计体现品牌特色

1. 材料的选择体现了工业的粗糙质感
2. 大型混凝土长椅
3. 植被繁茂

停车场

北部公园

十字路口

国际广播中心

MPC 动画公司

总体规划图

数字创意园内的商业空间约有 110,000 平方米，由三栋大型建筑和一大片空地构成。原来的信息宣传中心占地约 79,000 平方米，媒体出版中心占地约 28,000 平方米，还有一座大礼堂，有 750 个坐席。公共空间包括用地中央和边缘的空地，面积约有 19,600 平方米。这样的构成意味着公共空间需要进行仔细规划，以确保为社区居民的社会交往空间提供人性化的环境。因此，设计将中央和边缘的地块划分成一系列小空间。通过详细的用地分析以及与建筑师多次的沟通交流，设计师最终决定将其分为六个主要区域，下文将详细介绍。

设计希望保留用地原有的现代美学和工业遗迹，同时，采用可持续设计方法，以期尽量多地保留原有铺装。设计师增加了一些定制元素，在整体开放式布局之下，成功打造了一系列小体量的人性化空间。这些空间未来会由数字创意园的管理团队进行灵活利用，一年里不同的时段安排不同的活动，促进社区居民的交流互动。设计过程中，设计师将数字创意园独特的环境形象融入到设计的方方面面，通过细节和平面元素加以表现，形成一个统一的整体环境。

为打造小体量人性化空间，设计团队精心设计了一系列元素，让小空间吸引更多人的关注和停留。为此，设计师研究了一系列的设计参数：连接、构成、细节和材料。

连接："连接"的概念是指视线连接，包括远景和近景的视野，其中要考虑安全因素、舒适度、观赏性和明晰性。小空间的布置与建筑的功能和人流的移动路线相呼应，促进道路交通的便捷性。

构成：要确保长椅的布置密度能促进人们的沟通交流，同时又要融入整体设计中。避免长椅的布置过分拥挤，体量采用三维建模方式进行测试，布置的位置要保证空间的明晰性，突出环境的特点。

细节和材料：材料的选择旨在体现粗犷的工业风格，既要考虑材料的美观性，还要兼顾使用舒适度。增加了一些定制设计元素，也是工业风格——数字创意园的标志性风格，同时也为园区平添了细节上的亮点。此外，设计还加入了软景观元素，借鉴了旁边的伊丽莎白女王奥林匹克公园（Queen Elizabeth Olympic Park）的设计，为六个特色区域带来丰富的质感和四季的变化，使其融入周围环境。六个区域分别是：

庭院

庭院位于创意园的中央，是一个宽敞的开放式公共空间，可以用于举办各种活动。庭院保留了原来的沥青和混凝土地面，分为三个部分。中央的部分设置了定制的环形灯具，将整个空间分隔开来。这里可以举办节日庆典等活动。宣传中心旁边是第二个部分，带状草坪和混凝土交替布置，虽然也是庭院的一部分，但是自成一个小环境。出版中心旁边是第三个部分，栽种了大量多年生植物，带给环境丰富的质感和季节变化。小块的圆形人造草坪穿插其间，草坪上一年四季可以举办各种活动，此外还有大型混凝土长椅，打造人性化空间。定制的预浇筑混凝土长椅上有精致的图案——数字创意园的品牌形象。长椅抽象的超大造型与创意园的体量相得益彰。跟创意园里的其他定制元素一样，设计团队制作了 1：1 比例的模型，来测试颜色、骨料的大小以及嵌入式平面图案，以便确保细节的设计达到高品质的要求和效果。布置在多年生植物中的长椅是进一步划分小空间的关键元素，为公众沟通交流、欣赏风景提供了舒适安全的环境。

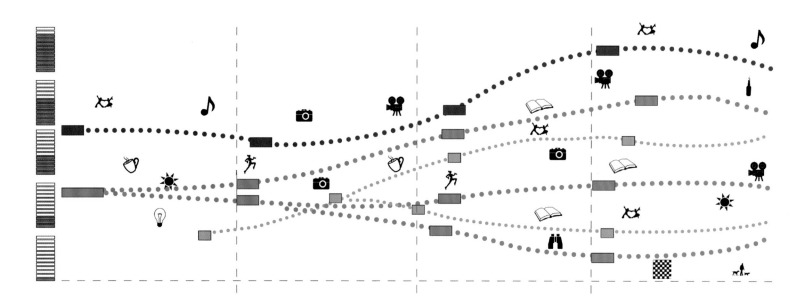

设计分析图

运河

运河附近是比较商业化的休闲空间。这里有众多食品饮料零售亭，为人们的日常工作和生活营造出餐饮文化的氛围。设计目标是模糊运河公园（Canal Park）和数字创意园之间的界线，设计手法是采用一系列植被丰富的草坪、定制的预浇筑混凝土长椅以及乔木等植物，打造人性化的体量和舒适的空间。设计师尤其关注景观与建筑的衔接，设计过程中使用了大量实体模型，确保每个元素的尺寸、细节都无懈可击。每个零售亭都有独特的设计，体现品牌特色，这也是追求设计细节、树立环境特色必不可少的手段。最终结果证明了设计的成功：运河区域大受欢迎，这里的环境让人感觉亲切、安全又美观，可以欣赏运河公园的风景。

创意园的品牌形象。

北侧广场

北侧广场的设计目标是为周围建筑提供户外休闲空间。这里的植栽布置相较于其他地方更为密集。这里是公路交通和休闲环境之间的过渡缓冲地带，有着丰富的质感和季节的变化。植物中穿插布置定制的环形木质座椅（有两种规格）以及人造草坪，确保满足广场一年四季的使用要求。环形座椅进一步划分了空间，人们可以聚集在座椅处交流。设计过程中使用 1：1 的实物模型，弧形板材的制造过程经过测试，确保了座椅的质量、尺度、细节和人体工学造型。

南侧街道

白加士街（Parkes Street）的位置经过迁移，现在是创意园与周围开发区之间的一条分界线，成为一条商业街，将伊丽莎白女王奥林匹克公园里的游客吸引过来。这里的地面采用简单的树脂胶和砾石铺装，搭配定制混凝土长椅（与庭院中的长椅类似）。半成熟的乔木打造出人性化体量的环境，长椅设置在人们需要休息的地方。这是一个带状空间，设计师在设计初期就确认了其主要功能——将游客吸引过来，而不是让他们在这里过多停留。因此，这个区域没有必要进一步划分空间。

棚架

宣传中心东侧设置了一个巨型棚架，主要设计目的是引导人流动线。这里有各种新兴公司和小型企业，毗邻伊丽莎白女王奥林匹克公园。这个区域的公共空间有限，所以以设计方法相对简单，保留了原来的地面材料，让运河公园与数字创意园呈现出相同的设计语言。这里的功能主要是自行车停靠，设有伦敦交通局自行车停靠站，停放棚的设计也使用了

一层平台

出版中心一层西侧设置了平台，从这里可以眺望运河、安赛乐米塔尔轨道（ArcelorMittal Orbit，即"奥运塔"）以及伦敦天际线。这里的设计定位是果蔬园，为商铺租户服务。平台长 150 米，铺设硬木板，划分为四个区域。边缘设置一条步道，搭配钢质花池。硬木板构件使用了几种实物模型，确保品质和细节。花池采用方钢，设置在各个区域之间，周围是原有的卵石层，从前这里整个是被卵石层覆盖的。花池中栽种果树、灌木和多年生植物，打造成一座果蔬园，拉近人与景观的距离，使用功能也灵活多样。

结论

本案的设计成功之处在于：在三栋大体量建筑的基础上，进行小空间的布置和设计。设计尤其关注人性化体量，在连接、构成、细节和材料上均有体现。这些小空间各有特色，相互形成对照，带来多样化的环境体验，强化了创意园工业化的环境风格。这样的环境为未来的灵活使用搭建了平台，为形成数字创意园的社区文化提供了坚实的基础。

1. 方形钢质花池
2. 木质环形座椅
3. 定制的预浇筑混凝土长椅上面有公园的 LOGO 图案
4. 木质环形座椅点缀在公园中

夏日之光公园

　　夏日之光公园（Park Somerlust）位于阿姆斯特丹历史悠久的南部煤气厂原址（Zuidergafabriek，建于 1885 年），由荷兰费利克斯景观事务所（Felixx landscape architects & planners）操刀设计。现在，这里已经成为阿姆斯特丹的一个全新的多功能城区——阿姆斯特尔区（Amstelkwartier）。

景观设计：费利克斯景观事务所 | 项目地点：荷兰，阿姆斯特丹

1. 遥望城区

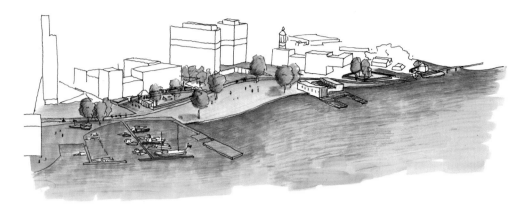

鸟瞰图

平面图

项目名称：

夏日之光公园

竣工时间：

2015年

委托客户：

阿姆斯特丹市政府

面积：

4.2公顷

摄影：

彼得·范戴克（Peter Van Dijk）、阿姆斯特丹市政府、巴特·弗拉芒（Bart Vlaanderen）

　　夏日之光公园既是阿姆斯特尔河（Amstel）沿岸公共环境的一部分，同时也为附近街区的户外环境树立了标志性的形象。设计目标包括：集成处理附近的慢行交通网、为临时活动提供场地、为附近体育设施和服务行业提供滨水空间、营造生物栖息地。尽管面积有限，但是公园里的视野极好，能越过阿姆斯特尔河最宽阔的河段眺望阿姆斯特丹全景。

　　宽7米的人行道/自行车道将市中心与阿姆斯特丹周围的郊区连接起来，也是本案设计的主干。公园的环境完美实现了城市和乡村之间的转换衔接。原有的老建筑融入设计之中并被赋予了新的功能。其中最突出的是"工程师之家"，现在改造成为一座英式茶室，让公园更41有人气，变成市民喜爱的休闲之所。环境与水的关系得到进一步凸显。水边设计成阶梯台地，给动植物提供了栖息空间，彻底改变了从前土地与水截然分离的情况。不仅如此，河流的功能也得到了进一步开发。原来的赛艇俱乐部经过翻修，焕然一新，还增加了一个新的船坞。除了这些永久性的功能之外，设计还包括为临时活动准备的空间，比如夏日划船的水池。

1、2. 河岸景观
3. 港口

水边的草坪拥有一项附加功能：暴雨来临时，如果阿姆斯特尔河水面上涨，草坪能储存多余的溢流水。

过去，这里是一片荒芜的工业用地，唯一的景色就是能眺望一下阿姆斯特尔河。如今，荒芜已然不存，这里呈现出全新的城市景观。树木林立的坡地草坪让河岸成为舒适的休闲环境，为阿姆斯特丹营造了一座全新的滨水公园。

1、2. 木板道
3. 公园景色
4. 道路宽 7 米

景观设计：博萨建筑事务所 | 项目地点：智利，圣地亚哥

1. 河岸全景

雷纳托·波夫莱特神父滨水公园

1

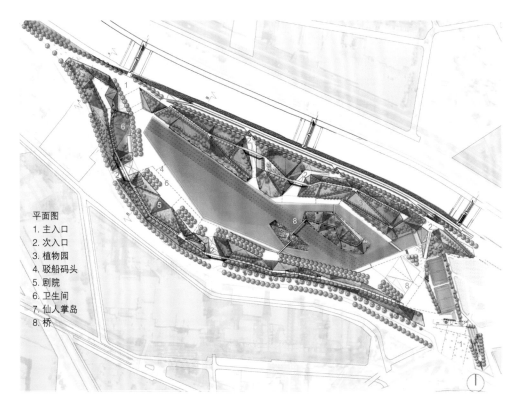

平面图
1. 主入口
2. 次入口
3. 植物园
4. 驳船码头
5. 剧院
6. 卫生间
7. 仙人掌岛
8. 桥

项目名称:

雷纳托·波夫莱特神父滨水公园

竣工时间:

2015年

摄影:

菲利普·孔塔尔多(Felipe Díaz Contardo)、
科尔泰西亚·德·克里斯蒂安(Cortesía de
Cristian)、博萨·威尔逊(Boza Wilson)、
吉·韦伯恩(Guy Wenborne)

1. 水上桥梁
2. 桥梁衔接两岸
3、4. 滨水公园鸟瞰

智利圣地亚哥建设滨水公园的计划始于2011年，主要目的是让马波乔河（Rio Mapocho）从东到西34千米长的河岸重焕生机。最初的愿景是充分利用这条通航河流，打造沿岸多样化景点。

雷纳托·波夫莱特神父滨水公园（Parque Fluvial Padre Renato Poblete）位于圣地亚哥西部片区，被视为一个可持续的城市公共空间。博萨建筑事务所（Boza Arquitectos）的主要设计目标是彰显马波乔河沿岸的价值，修复受损的工业用地，使其融入沿河滨水环境中。

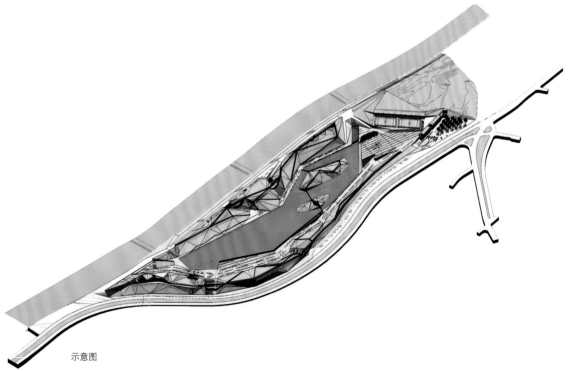

示意图

1. 散步大道
2. 滨水广场
3. 市民在散步大道上骑自行车

可以从三个关键点来解释这座公园：当代性；克服偏见；最后，创造一种新的想象中的景观。

用西班牙建筑师、景观设计师琼·罗伊格（Joan Roig）的话来说，设计要实现"当代化"，换句话说，要更新景观行业。公园主要由一批年轻设计师设计完成，他们克服惰性，探索了未来景观设计的方向，取得了长足进步。从这个意义上来说，这座公园的设计可以说是提出了一种新型景观，让景观理论回归地面景观，将地面景观放在三维环境中来看待。

这座公园无疑是对城市偏见的一种改进。首先，要缓和奔腾的激流，从前这被认为是不可能完成的任务，各种"伪专家"们经过多年的讨论认为唯一的办法是借鉴欧洲的一些城市河流。其次，圣地亚哥西部的公园标准不能太高，因为这里是低收入区。那么，公园的设计和建设就不是从稀缺性出发，而是从效率出发，修复一个退化的工业区。最后，如果说这座公园对城市有什么

剖面图 A–A
1. 斜坡（栽种松叶菊）
2. 斜坡（栽种小叶苦槛蓝）
3. 路缘
4. 步道
5. 道边草坪
6. 散步大道
7. 铺装
8. 座椅
9. 道边常春藤
10. 斜坡
11. 树坑
12. 安全栏杆
13. 斜坡（栽种多辐松叶菊）

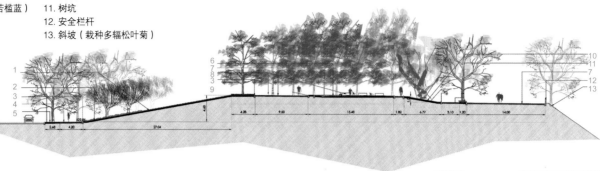

剖面图 B–B
1. 斜坡草坪
2. 步道
3. 斜坡（栽种长春花）
4. 斜坡（栽种小叶苦槛蓝）
5. 路缘
6. 道边草坪
7. 散步大道
8. 铺装
9. 湖边缘步道
10. 湖边缘路缘
11. 湖边缘灌木丛
12. 湖边缘（栽种纸莎草）

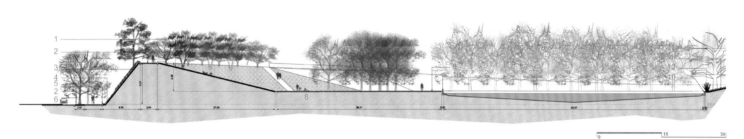

湖

马波乔河（Mapocho River）

剖面图 C–C

意义的话，那就是从河岸边又可以眺望城区的景色了。严格来说，这座公园本身就像一条蜿蜒的河流。人们可以一边骑车或步行，一边观赏马波乔河流域景观。

1. 白色座椅镶嵌在绿色草坪中
2、3. 茂盛的植物和花卉让公园充满生机

注：公园的命名旨在向耶稣会神父雷纳托·波夫莱特（Padre Renato Poblete，1924 – 2010）致敬。波夫莱特神父在1973年智利政变后向民主过渡的过程中做出了突出贡献。

景观设计：澳派景观设计工作室 ASPECT Studios | 项目地点：澳大利亚维多利亚州沃东加市

1. 街道和公共空间的设计融合了古老建筑、原有材料和现代元素

景观设计：澳派景观设计工作室 ASPECT Studios | 项目地点：澳大利亚维多利亚州沃东加市

澳洲沃东加枢纽站

1. 特色草坪营造出独特的公共空间
2. 散步大道成为社区活动和集市的集合地

枢纽站项目占地 10 公顷，是澳大利亚最大城市改造项目之一，由州级和当地政府共同合作，为处于维多利亚州东北部核心地带的沃东加市中心注入全新的活力。

枢纽站项目改造重点在于已废弃的但具有历史意义的沃东加火车站和站台，旨在为周边社区居民打造公共场地、住宅、商业、零售等多种功能空间。

项目名称：

澳洲沃东加枢纽站

项目类型：

公共空间、街道

时间：

2012 – 2016

面积：

10公顷

摄影师：

Andrew Lloyd

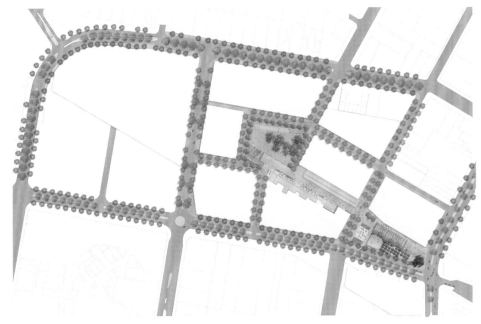

总平面图

4

1. 改造后生机勃勃的多功能空间
2. 可供社区举办各种活动
3. 草坪上，树木的布置井然有序，营造出舒适的现代休闲空间
4. 夜景。
图片版权：马特·福利特（Matt Fleet）、特雷弗·伊瑞诺（Trevor Ierino）

设计师以可持续发展土地资源为规划和设计主导原则，保留并重新利用遗留下来的铁路基础设施和材料，不仅讲述一段丰富的乡村历史，更重新定义该区域的人文精神，并促进该城市和社区的发展。

设计将街道、公共空间和历史建筑有效融合，使用场地回收的材料，如大石块、砖块、铁路灯具等，并加入现代元素，如玻璃扶手、照明和水景，让历史与现代完美结合。

设计的原则在于创造一系列能够满足社区活动的需求的场所，例如集市、庆典广场和临时设立的咖啡店，这些活动都将沿着原有铁路轨道新建的"漫步大道"而开设。

面朝沃东加市主街道坐落着一个全新的城市绿色广场，广场设有水景以及铁路架桥机改造的凉亭，是一个充满绿意的城市开放空间。

景观设计："现场"景观事务所 | 项目地点：法国，巴黎

景观设计："现场"景观事务所 | 项目地点：法国，巴黎

巴黎18区罗莎卢森堡花园

由法国"现场"景观事务所（In Situ paysages et urbanisme）设计的坐落于巴黎18区的罗莎卢森堡花园（Rosa Luxemburg Garden），沿着东部火车站（Gare de l'Est）的铁路向南北延伸，形成了一个狭长、绵延的公园空间。公园分为南北两个部分，南侧公园半掩于由曾经的货运仓库改建而来的商业中心（Halle Pajol）的玻璃顶棚之下，形成了一片不受风雨影响的公共空间。北侧的露天公园则与毗邻的社区街道相连，由法国女建筑师弗朗索瓦·卓丹（Françoise-Hélène Jourda）设计，层层叠落的台地中错落布置着成排的座椅、草坪以及游戏空间。台地之上，是星星点点的欧洲赤松，而在南北向延伸的小路旁则是整齐排列的白蜡树。狭长的小路如同铁道一般，串联起商业中心玻璃顶棚以及图书馆下方的空间。而在南侧，商业中心巨大的金属框架之上，镶嵌着一块块太阳能板，而花园也摇身一变，成为了一个巨型光伏电站。如同旧日铁轨般交错纵横的小路两旁，是低矮的地被植物、茂盛的鲜花以及纵向延伸的池塘。屋顶收集的雨水得到二次利用，灌溉顶棚之下的植被，而多余的雨水则暂时储存在池塘之中，形成了一个个水生花园。地被、蕨类、藤蔓以及灌木植物交错布置，在工业遗址的金属框架笼罩下营造出如同森林下层空间般的郁郁葱葱的、宁静而平和的绿洲空间，沿着东部火车站的铁路蔓延。而在空间的边缘，是两个小小的花园空间，低矮的植被让公园与铁路空间在视觉上相互连接，快速穿梭的彩色列车让漫步其中的人们感受到速度与活力。

1. 金属框架结构下的花园

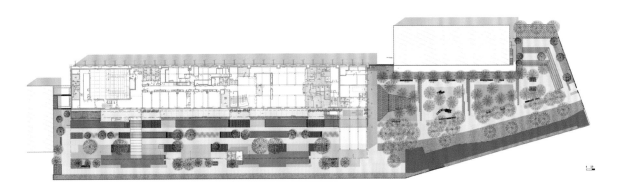

建筑材料

- 表面覆层
- 混凝土
- 固化材料
- 灵活材料
- 石材（铺装）
- 木材

植物

- 公共花园（2×200平方米）
- 水园
- 草坪
- 绿化带
- 草坪
- 树篱（落叶植物 + 常绿植物）
- 常春藤
- 苏格兰松树
- 千金榆
- 李树
- 白蜡树

项目名称：

巴黎18区罗莎卢森堡花园

竣工时间：

2013年

面积：

9,500平方米

摄影：

扎克·帕若尔（Zac Pajol）

1. 花园鸟瞰
2、3. 开放式花园中布置休闲游乐区
4. 行人步道
5. 游乐区
6. 座椅布置

1. 步道与原有铁道相结合
2. 亲水花园

3、4. 亲水花园里，游人与大自然亲密接触
5. 金属结构下的花园里游人如织

景观设计：建筑人工作室、比例规划工作室 | 项目地点：匈牙利，布达佩斯

塞尔·卡尔曼广场

1. 广场全景

塞尔·卡尔曼广场（Széll Kálmán tér）位于多瑙河西岸的布达（Buda，和佩斯城市合并为布达佩斯城），是布达佩斯市中心最重要的交通枢纽，为纪念匈牙利历史上的政治家塞尔·卡尔曼（Széll Kálmán, 1843–1915）而命名。本案是塞尔·卡尔曼广场的翻新，由匈牙利两家设计公司"建筑人工作室"（Építész Stúdió）和"比例规划工作室"（Lépték-Terv）联手设计。广场中有交错的电车轨道和道路，设计的主要目标是对广场内部空间进行清理并合理规划，让广场成为主要服务于行人的公共空间，尽量扩大绿化面积，同时不能让绿化影响人流的通行。休闲区位置的布置建立在人流分析的基础之上，提供最为快捷的路线，休闲区内有灌木、树木、喷泉和长椅。

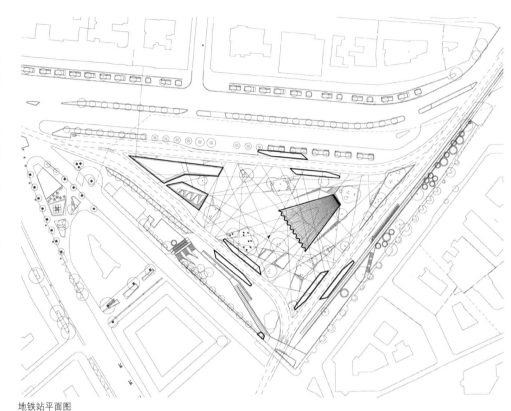

地铁站平面图

项目名称:

塞尔·卡尔曼广场

竣工时间:

2016年

面积:

22,000平方米

摄影:

盖尔盖伊·凯内兹(Gergely Kenéz)

1. 广场上布置木质长椅
2、3. 以行人为主导的公共空间

　　彻底的翻新重建意味着广场上原有建筑结构的拆除，包括苏联时代的公交车站、商业零售亭以及从广场上穿过的电车轨道。唯一的例外是扇形结构的地铁站，建于20世纪70年代，在过去的几十年间曾经非常繁华，四周有各种小店，影响了环境的视觉通透性。这个地铁站是当地的标志性建筑物，成为市民的休闲娱乐聚集地。新的建筑物，包括服务中心和电车车站，延续了地铁站建筑材质的粗犷感觉。在这个广场上，色彩来自从中穿行的人群，而不是来自建筑物。

设计师这样描述广场的设计："设计过程中最艰巨的挑战来自规划中既定的基础设施布局。尽管这里是布达佩斯最为繁华的地区，也是问题最多的交叉路口，但是在建筑和景观设计上，委托方并未要求设计方案考虑周围城区环境或者对基础设施的布局进行重新设计，而是让我们为交通工程师的设计进行'化妆'。在这样的要求之下，设计的目标就变成发掘广场的特色，使其从周围的城市脉络中脱颖而出。周围有绿化坡地和林荫道，每天这里有超过 20 万的人流量。设计决策是让广场成为交通的背景环境，低调又实用。同时，在不影响交通功能的前提下，在永远繁忙的交通环境中营造出小小的休闲绿洲。"

1. 广场边的交通枢纽站
2. 广场上的水景
3、4. 道路设置与电车轨道
5、6. 灌木、乔木、喷泉、长椅，杂而不乱

景观设计：ZUS 建筑事务所 | 项目地点：荷兰，鹿特丹

景观设计：ZUS 建筑事务所 | 项目地点：荷兰，鹿特丹

Luchtsingel人行天桥

Luchtsingel 人行天桥全长 400 米，将鹿特丹市中心几十年来相互分离的三个区连接起来。这个项目由鹿特丹 ZUS 建筑事务所发起并负责设计，是全球第一个主要以众筹的方式兴建的公共基础设施。Luchtsingel 人行天桥与其他新建的公共空间，包括 Delftsehof 区、Dakakker 屋顶农场、Pompenburg 公园和 Hofplein 车站屋顶公园一起组成了一座"立体城市"。

1. Luchtsingel 人行天桥探索了一种新型城市建设

1958 年
修建 Delftsehof 区

1970 年
霍夫波莱恩剧院（Hofplein）

1980 年
维纳街（Weena）

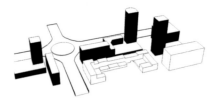

1990 年
Delfsehof 拆迁

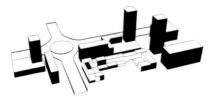

2009 年
发展区域经济

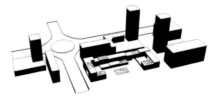

2010 年
发展屋顶绿化

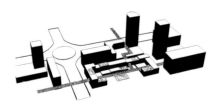

2015 年
Luchtsingel 人行天桥

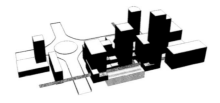

2025 年
首座高层建筑

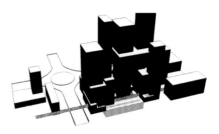

2050 年
建筑容积最大化

历史分析

区位图

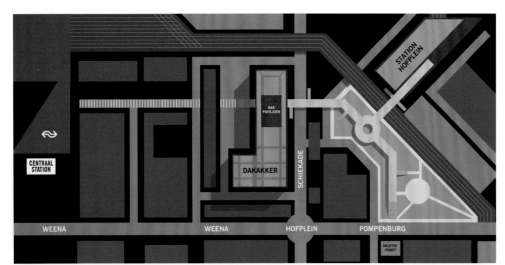

项目名称：

Luchtsingel人行天桥

竣工时间：

2015年

摄影：

奥西普·范杜文博德（Ossip van
Duivenbode）、弗莱德·恩斯特（Fred Ernst）

1. 人行天桥长 400 米
2、3. 人行天桥特写

ZUS 建筑事务所合伙人埃尔马·范鲍歇尔（Elma van Boxel）表示："这是一种城市开发的全新方式，基于'永久暂时'的理念。意思是：利用城市演变的特点和既有的形态作为出发点。因此，我们的设计、集资和规划都采用了全新的方式。"

2011 年，市政府宣布取消了鹿特丹中心区的一个办公区开发项目，这导致很多办公空间闲置下来。ZUS 建筑事务所决定接手这里的规划。他们将原来的 Schieblock 办公楼改造成了新兴公司的聚集地。一楼有商铺、酒吧、餐饮店、信息中心，屋顶名为 Dakakker，是欧洲第一个城

市屋顶农场。这样的开发已经成为可持续城市开发的一种全新类型。

Delftsehof 区是鹿特丹夜生活最为繁华的地区，而 Pompenburg 公园主要面向儿童，除了游乐场之外，还设置了果蔬园。Hofplein 车站的

屋顶进行了绿化开发，可以举办公共活动。此外，这一区的 Hofpoort 办公楼也将在未来两年内由 ZUS 进行改造设计。这些全新的、功能各异的公共空间，让鹿特丹曾经的中心区再度繁华起来，而 Luchtsingel 人行天桥就是贯穿其中的衔接元素。天桥全长 400 米，大大方便了行人通行，强化了各区域之间的连通。现在，通过这条天桥从车站区走到北侧，穿过 Pompenburg 公园走到 Laurenskwartier 区，已经成为默认的常规路线。这种独一无二的连接方式让这一地区在鹿特丹的城市脉络中占据了一个独特的位置。

ZUS 建筑事务所合伙人克里斯蒂安·克里曼（Kristian Koreman）表示："Luchtsingel 人行天桥以及周围的新公共空间和改造的建筑，形成了全新的'立体城市'。"

设计过程

Luchtsingel 人行天桥的规划始于 2011 年。2012 年，车站区作为鹿特丹国际建筑双年展（IABR）的举办地之一，成为鹿特丹的重点开发区。18 个展区通过人行天桥衔接起来。筹资方面，设计师发起了名为"我来建设鹿特丹"的众筹活动。每个人只要花 25 欧元就能购买一条

刻有他们名字的板材。活动截止时共售出 8000 多块板材。2012 年，这个项目获得了"鹿特丹城市活动奖"，帮助了项目的进一步筹资。

获奖情况

2012 年，Luchtsingel 人行天桥规划项目获得了"鹿特丹城市活动奖"（Rotterdam City Initiative），之后又获得 2012 年绿色建筑奖（Green Building Award），2013 年柏林城市

设计奖（Berlin Urban Intervention Award）、2014 年鹿特丹建筑奖（Rotterdam Architecture Award），2015 年获得"金色金字塔"（Golden Pyramid）提名奖和荷兰建筑奖（Dutch Construction Award）提名奖。

1、2. 人行天桥中央枢纽
3. Hofplein 车站屋顶公园
4～6. 人行天桥夜景

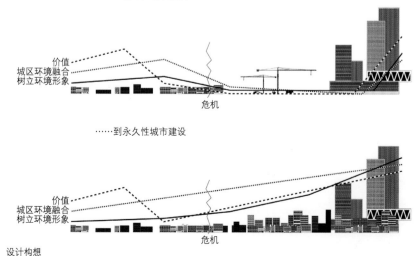

景观设计：尼克·诺森设计公司 | 项目地点：荷兰，阿姆斯特丹

阿姆斯特丹博斯恩植树公寓户外景观

1. 项目地处住宅区中央，绿草如茵，植物郁郁葱葱

总规划图

项目名称：

阿姆斯特丹博斯恩植树公寓户外景观

竣工时间：

2013年

面积：

25,250平方米

摄影：

尼克·诺森设计公司（Niek Roozen Ltd.）

1. 米恩·劳伦设计的喷泉进行了修复
2. 实用花园为社区居民服务

阿姆斯特丹博斯恩植树公寓（Bos en Lommerplantsoen）的户外环境经过升级改造，栽种了大量树木、花卉和绿植，俨然变身为一片都市绿洲。项目地点得天独厚，位于博斯恩植树广场、伊拉斯谟运河（Erasmus Canal）与劳工保险局办公楼（GAK）之间。

景观设计包括户外铺装区、一片草甸以及三座小花园。整体设计以及其中的所有设计元素都紧密衔接，由十字交错的笔直步道串联起来。沿着步道你可以从这片绿洲的一边走到另一边，或者也可以在两条步道交汇处驻足观赏。

铺装区沿公寓楼布置，将广场与运河衔接起来。户外空间和公寓楼之间存在的地面高差通过台阶、坡道和斜坡草坪的方式来处理。中央的草甸由一系列草坪构成，以直线步道分割。草坪中栽种树木，营造出适合进行公共活动的场所。整体环境采用开放式布局，适合休闲娱乐，树木下方不栽种灌木。

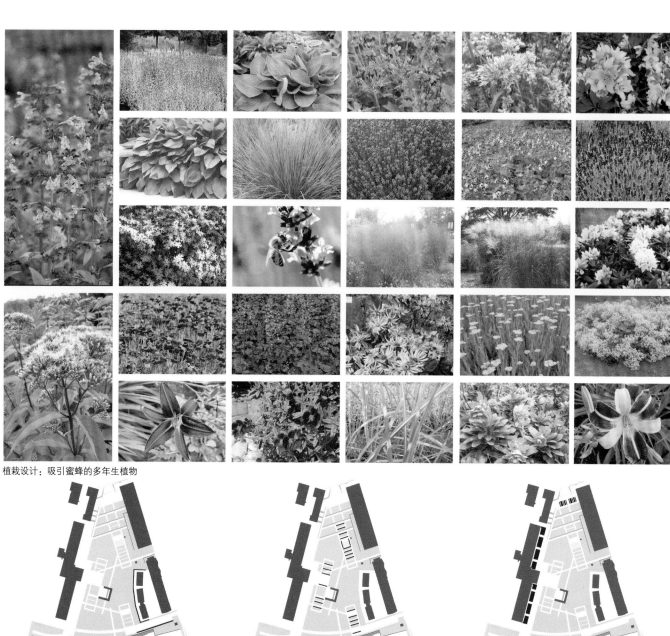

植栽设计：吸引蜜蜂的多年生植物

树篱：欧洲山毛榉　　　　　　　　树篱：冬青"蓝色王子"　　　　　　　底层：日本苔草、狼尾草

植栽设计：三座小花园

实用花园　　　　　　　　　　　　　　老年人花园　　　　　　　　　　　　米恩·劳伦花园

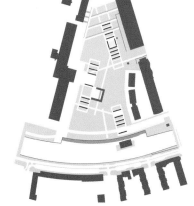

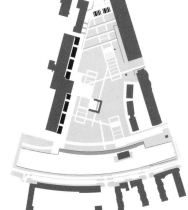

三座小花园布置在靠近公寓楼的位置，旨在营造出较为私密的户外空间。每个花园的设计、特色和功能都各不相同。其中一座花园里原有的喷泉是知名园艺设计师米恩·劳伦（Mien Ruys）设计的，而凉亭则是出自著名建筑师哈苏伊克（Hartsuyker）之手，设计中均进行保留并修复。伊拉斯谟运河北岸的木板道也是如此。这条木板道，再加上附近福萨餐厅（Fossa Restaurant）的户外平台以及为小船而设的一系列码头，让这里成为沿河的一片别样风景。沿着运河南岸的道路也经过翻修，打造了更为宽阔的散步大道，添加了树篱和一排行道树。

1. 花池采用耐候钢制成，长椅与之完美搭配
2. 北侧台地

景观设计：尼克·诺森设计公司 | 项目地点：荷兰，阿森

阿森城堡花园

1. 东方花园

　　1976 年，林堡景观基金会（Stichting het Limburgs Landschap）获得了阿森庄园的土地使用权。20 世纪 80 年代，这里想建一座玫瑰园，将该地区最新型的、最美丽的玫瑰在这里展览。这样的规划也是源自当地发展园艺种植（尤其是玫瑰种植）的初衷，想为园艺种植者提供强大的背景支持。在林堡北部的几个不错的地点中，阿森城堡（Castle Arcen）雀屏中选。阿森城堡花园（Castle Gardens Arcen）最初的开发理念就来自上述背景。玫瑰园经过扩建，成为一座永久性花园，植物展览的形式借鉴荷兰十年举行一次的国际园艺博览会（Floriade）。阿森城堡花园的设计者尼克·诺森设计公司（Niek Roozen Ltd.）即 2002 年在哈勒默梅尔举办的荷兰国际园艺博览会的主设计师。阿森城堡花园的开发也包括城堡及其附属建筑的翻新。1988 年 5 月 31 日，在荷兰伯恩哈德亲王的主持下，阿森城堡正式向公众开放，提供餐饮和展览服务。

　　继 1998 年开放后，阿森城堡经历了多年的繁盛，游客与日俱增。高峰时期是 20 世纪 90 年代初，年均游客数量达到 30 万人次。在 24 年的经营中，阿森城堡接待游客共计约 300 万人次。

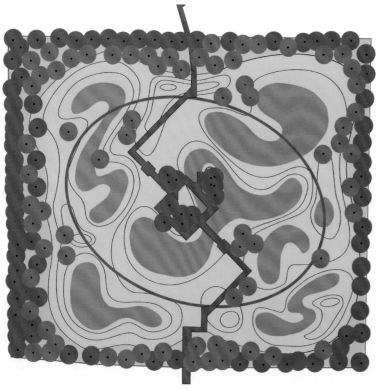

项目名称

阿森城堡花园

竣工时间：

2014年

面积：

32公顷

摄影：

尼克·诺森设计公司（Niek Roozen Ltd.）

总规划图

阿森城堡花园由一系列精致的小花园构成，包括各种珍贵植物的园艺展。除了各种乔木、灌木和多年生植物之外，阿森城堡花园中还有一间专门设计的玻璃房，名为"绿屋"（Casa Verde），里面有三个气候带。所以，里面的植物也丰富多样。玻璃房里有一条散步道，道边是锦鲤池，里面养殖了锦鲤。这些都是保留了20世纪80年代的原设计。

不过，经过多年的使用，原设计已经破败不堪，几乎难以辨认。植物种类已经模糊不清，花园的理念也不再新颖。花园的经营方式是租赁式，每个租户负责日常的养护、开发和餐饮服务。

林堡景观基金会在2013年发表的《阿森城堡花园——未来图景》中表示："2012年12月，在阿森城堡花园建成25年后，'林堡景观之友'接手了花园的开发。开发的目标是保护城堡及花园的可持续开发和维护，确保花园对公众开放。"因此，花园的开发需要进行战略性的规划。

1. 改造后的玫瑰园
2. 全新"水园"
3. 姹紫嫣红的花园
4. 种类繁多的水生植物
5. 岩石园

于是，2012 年，阿森城堡花园启动了重建计划，林堡景观基金会管理委员会决定暂时接手城堡的开发。他们决定通过两种方式重新将城堡花园对公众开放：一种方式是短期开发，以便花园能在2013 年开放；另一种方式是长期规划，保证花园未来的长远运营。2013 年被认为是花园运营转折性的一年，开发的重点放在城堡和花园环境的修复上，以期吸引游客。

2013 年，尼克·诺森设计公司受邀对阿森城堡花园进行全方位的翻新，使其重回最佳状态。原来的冷杉林改造成了"水园"，用全新的植物布置和良好的维护，让周围的景观恢复其原有的自然之美。

花园中的花卉和氛围的营造是设计中最重要的主题——这是花园的灵魂。

2014 年 4 月 5 日，阿森城堡花园正式重新开放，至今仍是受到游客欢迎的旅游胜地。

1. 中轴线上设置瀑布
2. 日本枫树园
3. "绿屋"
4. 橘园
5. 日本枫树园中的瀑布
6. 花园中植被繁茂

景观设计：B+B 景观事务所 | 项目地点：荷兰，济里克泽

济里克泽港口广场与公园

1. 广场全景

1. 铺装与长椅
2. 广场上的水景
3、4. 植被种类丰富，多姿多彩

项目名称：

济里克泽港口广场与公园

竣工时间：

2016年

委托客户：

斯豪文-杜伊文兰德市政府

面积：

7,280平方米

摄影：

弗兰克·汉斯维克（Frank Hanswijk）

　　荷兰的济里克泽是一个极具魅力的滨水重镇，有着悠久的航海历史，旅游业非常发达。为了让这个历史悠久的小镇更有吸引力，市政府将游客停车场从市中心迁到城区外围。荷兰B+B景观事务所（Bureau B+B）为港口的公共空间进行了整体规划，为港口广场与公园进行了翻新设计。

公共空间整体规划

　　济里克泽市中心历史悠久，规划开发非常密集。城墙、运河和城门环绕着城区。在B+B景观事务所的规划中，市中心成为一个和谐的整体环境，城内外的对比得到凸显。市中心统一采用天然石材与砖材相结合的铺装方式，只是组合的方式有所不同。街道小品也都采用相同的风格，广告和露台的形式有严格的规定。运河沿岸原来割裂式的景观变成了风格统一的环境，同时，确

保其风格适合这座古老的小镇。

道路规划

市中心内规划了四类道路：小巷、入口街道、核心街道和住宅区街道。每个类型有各自的标志性形象。这样，游客可以轻松找到他们的目的地，同时，外围停车场和城区内部核心空间之间也得到了良好的衔接。道路上设置了统一的路标。

港口广场与公园

老港口是欧斯海尔德河口（Oosterschelde）与济里克泽的交汇处，潮汐的变化清晰可见。从前，港口广场与公园也是港口的一部分。如今，它们依然保持着空间上的联系。B+B 景观事务所的设计强化了这种联系。设计采用统一的砖石铺装，将这三个空间统一起来。良好的视野进一步突出了这种联系。天然石材铺装呈现出流畅的线条，象征了欧斯海尔德河口的蜿蜒河道。由于停车场迁出了港口广场，现在的开放式空间可以用于更多的用途：市场、露台或者是活动场地。翻新之前，港口公园里没有设置道路。现在，有了新铺设的步道，人们可以穿过公园，来到水边。老港口尽头处铺设了阶梯木板道，直通水边。

设计细节

广场设计十分低调，突出了周围标志性的建筑。每栋建筑前方都恢复了传统的前庭空间。铺装上，红色和棕色砖材相结合，设计灵感来自玫瑰红、血珊瑚和旧船帆的颜色。港口广场中央的铺装中嵌入水景，水流入一个隐藏的暗渠中。港口公园里有一座青蛙喷泉。街道小品的装饰图案来自传统纽扣上的金银丝装饰工艺。

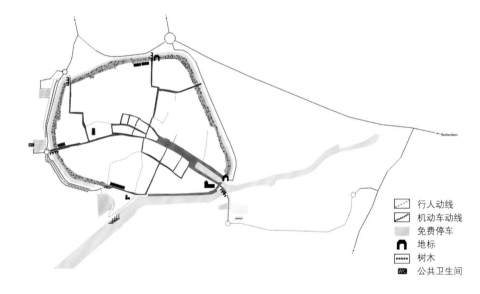

行人动线
机动车动线
免费停车
地标
树木
公共卫生间

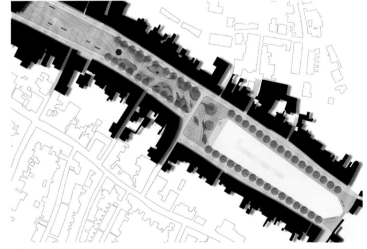

设计理念示意图

景观设计：旧金山谢丽尔·巴顿设计工作室 | 项目地点：美国，俄勒冈州，波特兰

田野公园

田野公园（Fields Park）位于美国俄勒冈州波特兰市，是占地 10 公顷的霍伊特大街铁路沿线区域（Hoyt Street Rail Yard）的一部分。这个区域毗邻威拉米特河（Willamette River），最初是在 1911 年由波特兰和西雅图铁路部门联合进行的工业开发。这里隶属珍珠区（Pearl District），人口将近 6000 人，近年来进行了城区升级改造，在波特兰城市发展策略中占据重要地位。珍珠区以其多样化的、充满活力的多功能社区环境为特色，这种环境开发的成功在于其宜居性。田野公园为这里的居民提供了必要的开放式空间，为波特兰最为拥挤的城区营造了休闲生活的场所。

1. 公园全景
2. 散步大道

手绘图

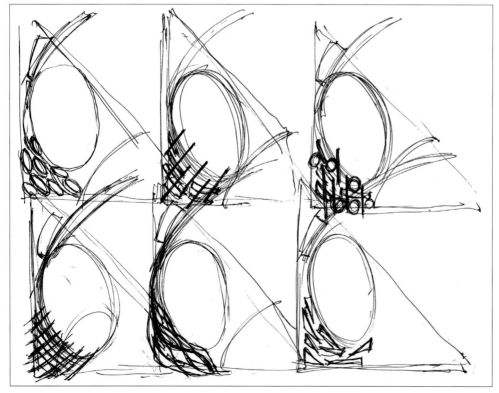

公园占地约 1.4 公顷，设计灵感来自铁路交汇枢纽和发动机转盘——都出自这片后工业用地——以及威拉米特河的湍急的漩涡。设计将其表现为用地中央的一个椭圆形的开放式"庭院"，四周有矮墙，同时也是座椅。未来还将修建一条通向河边的人行桥以及贯穿区域范围内的一条步行道。高大的树木形成拱形廊道，奠定了公园的总体景观形态，有助于缓和风力，也界定出不同的活动区。威拉米特河在这一区域内的支流——坦纳溪（Tanner Creek）——现已掩埋在地下，按照原来河道的轨迹铺设了石子，设计师称之为"石溪"。一系列小空间灵活布置，可以进行各种活动，满足市民全年的户外活动需求。同时，一系列的绿化道将公园和附近居民区紧密衔接起来，去往交通换乘站更加便捷。田野公园为市民的日常休闲生活提供了更多选择，也营造了一个静谧的环境，让人能静静地欣赏附近的风景，包括当地居民和外地游客，大家可以静下心来好好看看波特兰城区中丰富的自然资源和深厚的历史文化。

1 ~ 3. 在拥挤的市区环境中，公园为附近居民提供了珍贵的开放式空间

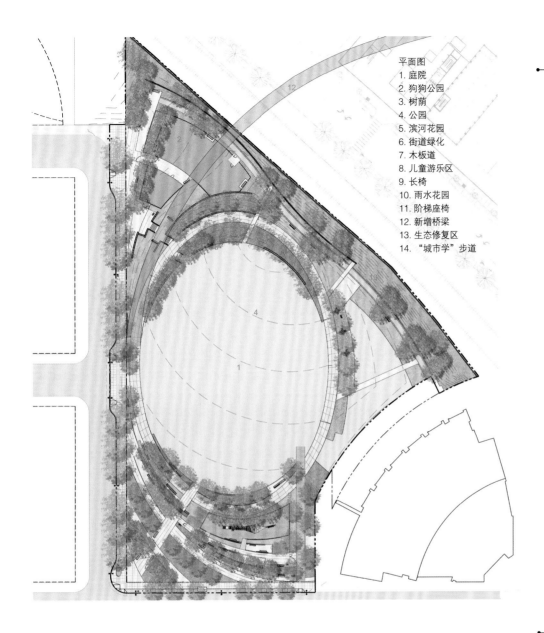

平面图
1. 庭院
2. 狗狗公园
3. 树荫
4. 公园
5. 滨河花园
6. 街道绿化
7. 木板道
8. 儿童游乐区
9. 长椅
10. 雨水花园
11. 阶梯座椅
12. 新增桥梁
13. 生态修复区
14. "城市学"步道

项目名称：

田野公园

波特兰合作设计方：

科赫景观设计公司（Koch Landscape Architecture）

建筑设计：

OPSIS建筑事务所（Opsis Architecture）

土木工程/结构设计：

KPFF工程公司（KPFF Engineering）

岩土/环境工程：

GEO工程公司（Geo Design）

机械/电气工程：

PAE工程公司（PAE Engineers）

艺术设计：

克里斯汀·布戴特（Christine Bourdette）

用地面积：

1.4公顷

摄影：

谢丽尔·巴顿设计工作室（Office of Cheryl Barton）、托德·特里斯塔德（Todd Trigsted）、兰迪·卡什卡（Randy Kashka）

奖项：

2014年俄勒冈州棕地设计奖（Oregon Brownfield Award）；

2016年设计博物馆基金会优秀游乐空间设计奖

剖面图

田野公园对附近居民区乃至对整个波特兰市来说，都带来不可忽视的影响，表现在：

丰富市民文化生活。田野公园在拥挤的城区环境中打造了一片绿洲，丰富了市民的休闲娱乐生活。"苹果酒派对""电影之夜"……各种各样的活动让市民的业余生活丰富多彩，也让来自

不同背景、聚集在这一地区的居民之间建立起更亲密的关系，波特兰公园与休闲娱乐场所管理局（Portland Parks & Recreation）更是视之为波特兰的"市区旅游景点"。田野公园每年接待数以万计的游客，公园里的单项活动能吸引 8000 或更多人，每年通过活动税收能产生 5 万美元的收益。

打造可持续宜居城市环境的范本。田野公园的绿色基础设施建设实现了生态、环保、可持续的设计目标。棕地开发需要进行大量的修复工作，才能改造成适合公共活动的环境。施工期间，6000 多吨受到石油污染的土壤得到处理，整个用地重新铺设了表层地面，确保市民在享受公园环境的时候不必担心与污染物接触。用地的很大

一部分——80％的面积——用于公园的生态环境建设，栽种了精心选择的本地原生植物品种。用地表面材料和其他附属设施都取自当地，"硬景观"区域的60％采用能够缓和"城市热岛效应"的设计。雨水渗透是设计中考虑的一项重点，环绕着中央"庭院"的椭圆形步道采用透水混凝土铺装，此外，公园主入口"雨水花园"的设计目的也是吸收雨水。

完善"城市连通性"。田野公园拉近了附近街区的市民与河流的距离，一系列绿化道的设置让城市交通更加系统、便捷，为这一地区的铁路和公路提供了一个连接枢纽。这座公园是波特兰滨水区开放式空间规划策略中的最后一步，将波特兰市中心的几个绿化区紧密衔接起来。

城市变革的催化剂。田野公园及其附属绿化设施的建设，相当于重新梳理了原本凌乱但却十分重要的居民区环境，让从前不受重视的铁路沿线空间激发出新的发展活力，也让波特兰商业中心边缘的厂房区重焕生机。公园开放后，附近居民区的住房价值提升了33％。

田野公园项目于2007年获得审批通过，当时美国尚处在经济衰退的边缘。几年里，在土地征用问题上项目多次克服了经费削减或延迟的困难，直到2013年春季，公园才正式面向公众开放。田野公园是波特兰致力于建设珍珠区地标式公园的见证，凝聚了多方的努力，包括当地社区、设计方和开发商。田野公园每年接待数以万计的游客，公园开放后，附近住房的价值也有显著提升，公园的成功显而易见。

田野公园为波特兰市民提供了新的公共活动场所。这里多样化的灵活空间可以进行各种活动。这里的环境舒适、有趣、安静、美观，为波特兰城区公园的建设以及波特兰城市生活的品质提升增添了新的亮点。

1. 草坪上布置长椅
2. 木板道
3. 草坪

景观设计：弗莱彻景观设计工作室 | 项目地点：美国，旧金山

南部公园

　　南部公园（South Park）是旧金山最古老的公园。公园兴建之初本是一座英伦风格、风景优美的休闲散步公园，后来逐渐衰落，多年来进行了几次无序的改造。"南部公园改造委员会"（SPIA）委托美国弗莱彻景观设计工作室（Fletcher Studio）与当地居民和社区领导一起，为公园重新进行整体规划。规划方案将为当地提供多种休闲空间，包括游乐空间、舞台、一大片草坪以及尺度不一的一系列广场。此外，南部公园还要解决两大问题：一是排水问题；二是坡地问题（原来的坡地达不到《美国残疾人法》的最低标准）。新的设计希望以一种现代的方式重新诠释英式古典公园。设计以一条加宽的步道为基础，沿步道设置各种功能空间。具体的改造包括为舒缓交通而设置的一系列行人入口和减速弯道、游乐区、各种体量的广场、可以坐人的矮墙、生物渗透洼地以及收集雨水用于灌溉的贮水池。

1. 公园鸟瞰

鸟瞰平面图

项目名称：

南部公园

竣工时间：

2017年

摄影：

马里恩·布伦纳（Marion Brenner）

1、2. 公园里的游乐设施

公园历史

南部公园最初由一位名叫乔治·戈登（George Gordon）的英国人所建。1852年，戈登开始购买拜恩街（Bryant St.）、布洛南街（Brannan St.）和第二大街、第三大街之间的土地，打算建一座高档、时髦的公园。1854年，南部公园中央区内的住宅房屋和椭圆形花园（只对内部居民开放）的施工开始如火如荼地进行。当年年末，公园内就已经栽种了大约1000株乔木和灌木。直到1897年，围绕着中央椭圆形小花园而建的南部公园才由旧金山政府获得，成为公共公园。

1909年旧金山发生地震，导致南部公园遭到破坏，彻底结束了公园及其所在街区的繁荣景象。废墟之上形成的是一个工人阶层住宅区，持续存在了约70年。期间，南部公园也经历了一段艰难的岁月。直到20世纪70年代末、80年代初，创新思维的涌入才让南部公园开始了为期数十年的改造。

今天的南部公园是旧金山公共休闲活动的枢纽，各种功能区齐备。大批新创立的网络公司、高档商铺、精品店、简便餐饮店在这里汇聚，是当地数千居民的日常休闲环境，代表了南部公园的全新形象。

设计目标

"南部公园改造委员会"设立的目标是：抓住当地街区的特点，将其应用到旧金山最古老、最经久不衰的公园中来。设计团队针对目标群体展开了社会调查，征求当地居民的意见，包括关于良好的排水、增加座椅、改良游乐区、改善公园环境外观、提升安全性等要求。

设计方案

设计团队给出的设计方案围绕着一条蜿蜒的散步大道展开，沿大道设置各种功能区，让人能小坐、赏景，很像乔治·戈登最初设想的公园。具体改造设计包括：

道路设置。延长原有步道，并增加公园周围和内部的步道。道路入口、出口和坡度的设置完全符合《美国残疾人法》的标准。

景观改良。从公园中心到四周的草坪做坡地处理，这样有助于将多余的雨水排入新建的生物渗透洼地，防止草坪积水。公园四周新增了低矮的路缘，其中嵌入排水槽，有助于排放街道上的雨水径流。

座椅改良。坡地上设置可以坐人的矮墙，满足休闲活动所需。

使用性改良。设备、照明、游乐区、舞台等的设置完全符合《美国残疾人法》的标准，满足各个年龄段群体的使用需求。

游乐设施改良。公园内广泛设置游乐设施，同时满足儿童和成年人所需，其中也包括为婴儿和蹒跚学步的幼儿设置的器具。

污水利用。南部公园使用地下贮水池，补充景观灌溉用水。贮水池的水泵采用太阳能充电电池供电。

提升安全性。为行人设置专用入口，缩短了行人需要穿过马路进入公园的路程，同时，也有助于降低从第二大道和第三大道进入公园的机动车的车速。行人入口也设置低矮路缘，嵌入排水槽，帮助排放街道雨水径流。

1、2. 公园中布置蜿蜒的步道
3、4. 座椅随处可见
5. 公园为附近居民提供了沟通交流的环境

镜湖公园

景观设计： 艾奕康（AECOM）

项目地点： 美国，佛罗里达州，圣彼德斯堡

1. 公园西北角设置标识，使用附近古老建筑上发现的图案。这个标识也是街道和广场之间的一条立体边界线
2. 大白鹭在湖岸边栖居

2014 年 5 月 23 日，美国佛罗里达州圣彼德斯堡市举行了镜湖公园（Mirror Lake Park）重新开放的庆典活动。镜湖公园是圣彼德斯堡市区最重要的公园之一。庆典这天，天气宜人，阳光明媚，微风习习，吹过镜湖水面。市长以及参加庆典的其他官员讲述了他们与镜湖公园的渊源故事。庆典接近尾声时，人们已经清楚地知道，镜湖公园对于每个亲身经历过这里环境的人来说，都有着非同一般的意义。100 多年前这里就已经规划成公园了，随着时间的推移，如今，它已经融入了当地的社会、经济和生态环境。

镜湖公园，跟其他许多市区公园一样，具有服务社区的功能。它为社区居民提供了休闲活动的场地，同时，不知不觉也成为当地发展的历史。市区公园还有一项功能：它能为周围环境带来潜在的经济开发机遇。这座公园的地理位置得天独厚，能给当地社区带来积极的影响，同时也给野生动植物提供了生态栖息地。多种鸟类终年在此栖居，为当地带来大自然一般的城市环境。在这里，你经常能看到游客靠近鸟类或水禽拍照，乌龟和各种各样的鱼类也时常可见。

圣彼德斯堡进入城市开发进程后，一批市区公园和滨水公园开始建设。19 世纪 00 年代末，圣彼德斯堡已经开发成为一座自给自足的城市，城市的饮用水取自水库，也就是如今的镜湖。直至 1908 年，镜湖是这座城市唯一的市政供水水源。1898 年，西班牙人试图对镜湖投毒污染（因为镜湖湖水是坦帕市部队和舰船的供水水源），随后镜湖进行了警戒保护。1912 年，这里成为一片市区公园，随后一直是市区许多公共和娱乐设施的地理中心区。

总规划图上标示出湖边重点区域，包括社区活动空间、观景空间以及亲水空间。

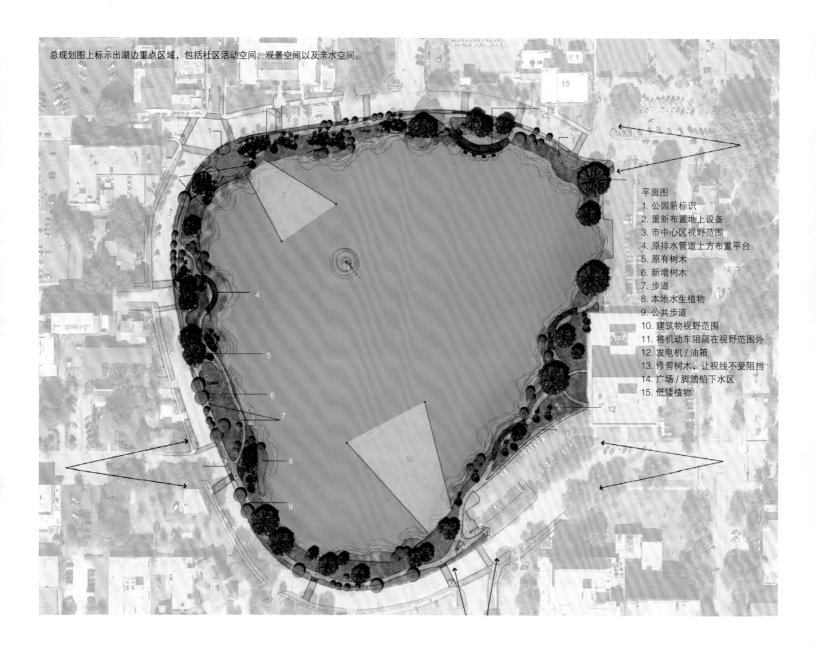

平面图
1. 公园新标识
2. 重新布置地上设备
3. 市中心区视野范围
4. 原排水管道上方布置平台
5. 原有树木
6. 新增树木
7. 步道
8. 本地水生植物
9. 公共步道
10. 建筑物视野范围
11. 将机动车阻隔在视野范围外
12. 发电机 / 油箱
13. 修剪树木，让视线不受阻挡
14. 广场 / 脚踏船下水区
15. 低矮植物

项目名称：

镜湖公园

竣工时间：

2014年

委托客户：

圣彼德斯堡市政府

面积：

5.6公顷

摄影：

艾奕康：迈克·布朗（Michael Brown）

　　圣彼德斯堡的发展愿景是：让阳光普照社区中的每一人，所有来到这里生活、工作、娱乐的人们可以享受平等的机会。长久以来，这里已经成了退休人员生活和游客观光的理想之地，如今仍然保留了其早期建设者所希望见到的那种类似于疗养地的氛围。一年中的大部分时间，这里都是阳光普照，是户外水上活动的天堂，适合简单随性的生活方式。

1. 镜湖湖畔保留了许多大型树木，为岸边景致增添风韵
2. 沿湖设置多功能小径，居民和游客可以在这里散步
3. 镜湖演讲厅，一栋地中海复兴风格的建筑，始建于1926年

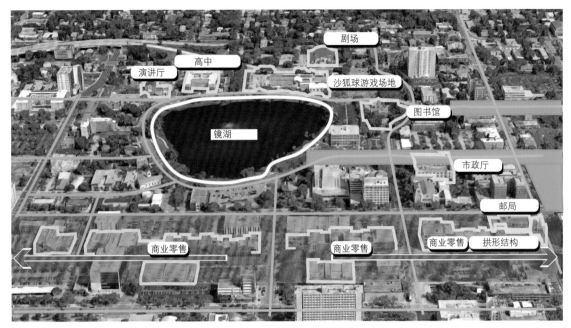

公园靠近中央大道——这座城市最重要的商业街。公园附近还有很多历史悠久的建筑物。

圣彼德斯堡选择艾奕康（AECOM）来设计一条环绕着镜湖的行人步道。设计工作正式开始之前，艾奕康首先组织了公众讨论会，吸收公众的意见，以期切实改善镜湖公园以及镜湖周围区域的环境。讨论会的结果直接影响了镜湖区域总体规划的概念开发。公园的开发将给当地社区居民带来积极的、长远的影响。

公园重新开发之前，这个区域对当地居民和游客来说感觉有点不安全。狭窄的步道仅围住湖泊的一部分，没有形成环绕。没有一条完整的环湖步道，这给在这里锻炼身体的市民造成不便，他们不得不在某一点转身往回走，而且没法去到湖泊东侧。公园里的设施和标识牌也都破旧不堪，早已经不能为公众所用。树木和灌木过度生长，阻挡了视线，也阻碍了去往水边的通路。照明不足，让人感觉夜晚在外面很不安全。湖泊周围历史悠久的建筑物形成了这里的标志性形象，但是这种标志性形象往往由于公园的破败环境而让人忽视掉了。旁边的社区空间和娱乐设施，在举行大型活动时，没有足够的公共环境来拓展空间。兰心大楼（Lyceum Building）里常常举行婚礼，但是公园里却没有一个地方可以进行婚礼派对的准备工作以及人员的集会。沙弧球俱乐部（Shuffleboard Club）周五晚上的活动也不得不限制在俱乐部的有限场地内，没法利用公园安排特别的活动。公园周围的红砖街道和花岗岩路缘透露出这一地区悠久历史的痕迹。

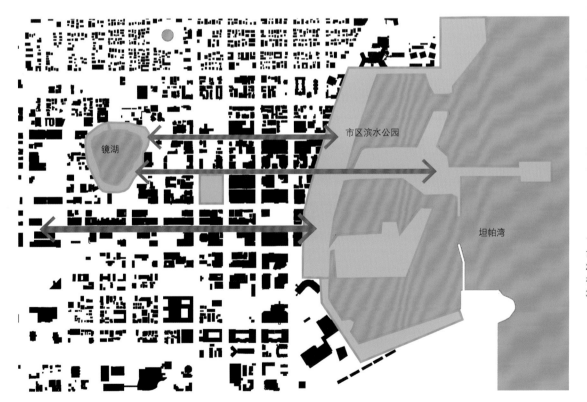

图形 – 背景关系示意图，显示了镜湖与市中心以及市区的其他滨水公园之间的关系。

1. 湖边设置蜿蜒的步道，拉近人与水的距离。禽类和其他亲水生物在这里找到栖息地
2. 宽阔的步道一分为二，游客可以选择不一样的景观体验。同时，保留了湖边的槲树
3. 湖边重要的步道交叉口处设置标识

今天的镜湖公园是开放的，安全的，面对社区居民和观光游客敞开怀抱。公园内最重要的新增设施是 3 米宽的环湖步道，沿着这条步道，游客可以走遍整个公园。市政府与镜湖东侧土地的所有者达成协议后，在那片土地上修建了一部分步道，保证了整条环湖步道的完整性。这个协议对公园的整体规划至关重要，让社区居民对公园未来的很多预期和愿望得以实现。公园里过度生长的植被进行了清除或修剪，开阔了视野。公园各处栽种了本地原生树木、灌木、草丛以及亲水植物，为候鸟提供了庇护所，降低了灌溉和肥料需求。草坪打造成开放式空间，是天然的休闲环境，游客不论站在镜湖的哪一侧，都能欣赏城市的美景，沿湖散步变得更加丰富多彩。夜晚，公园的照明营造出一个安全的环境，让社区居民待在这里备感安心。公园里增加了新的设施和标识牌，让公园看起来焕然一新，同时也和谐地融入了周围的历史氛围中。

公园西北角有一个大型广场，从广场上可以俯瞰镜湖。广场跟兰心大楼隔一条街道，可以用于举办婚礼、社区活动以及社交活动。广场采用三种颜色的黏土砖铺装，设置了一道可以坐人的矮墙，新增了标识牌和照明设施。公园东北角，沙弧球俱乐部附近还有一个小一些的广场，是公园与市区之间的门户，也是黏土砖铺装，设有矮墙和纵向的标识牌。两个广场的铺装图案都取自旁边建筑的细部图案。此外，还增设了人行横道，确保行人从毗邻建筑和街道上可以安全进入公园。保留了原有的黏土砖街道和花岗岩路缘，彰显历史底蕴。公园还跟一条繁华的商业街相连，即中央大街。公园里的游人只要走过几个楼群，就能置身于繁华的购物环境中。市区商业环境与滨水公园的衔接，对城市的未来发展十分重要。

斜向鸟瞰图，显示了镜湖与市中心以及市区其他滨水公园的密切关系。

1. 公园中的主路，满足不同的使用功能。这是一条多功能步道，也是当地社区的重要公共活动空间

2. 不同行为能力的人群都能使用沿湖步道。这对于当地打造宜居城市的目标至关重要

3. 使用本地原生植物和树木，为步道和湖泊营造一道绿色屏障，同时也为当地野生动植物提供了栖息环境

4. 居民沿湖步行，享受惬意的休闲时光

1. 午间，游人在湖边漫步
2. 游人经过湖边，在树荫下可以欣赏对岸的城市景观
3. 小广场上设置标识，这里是公园的东北角入口
4. 大白鹭在湖边徜徉
5. 小广场可供社区举办各种活动，也是演讲厅的户外活动区。铺装设计的灵感来自附近历史悠久的建筑物

周围公共设施

· 圣彼德斯堡沙弧球俱乐部

镜湖附近最受欢迎的公共娱乐设施要数沙弧球俱乐部。俱乐部建于1927 年，之后多次扩建，直至 1947 年。这是美国第一个有组织的俱乐部，也是圣彼德斯堡作为冬季度假胜地，曾经繁华一时的明证。

· 圣彼德斯堡高中

镜湖湖畔的圣彼德斯堡高中建于 1919 年，46 年里一直是一所公立学校，1967 年至 1985 年改为镜湖成人教育中心。圣彼德斯堡高中由美国知名建筑师威廉·伊特纳（William Ittner）设计，伊特纳还设计了汤姆林森中心（Tomlinson Center）和圣彼德斯堡中央高中（St. Petersburg Central High School）。

· 圣彼德斯堡卡内基图书馆

圣彼德斯堡卡内基图书馆（Carnegie Library）建于 1915 年，是这座城市里第一个永久性公共图书馆，启动资金来自安德鲁·卡内基基金会，后者对美国各地的文化发展做出了重要贡献。这座图书馆由亨利·惠特菲尔德（Henry Whitfield）设计，以其学院派建筑风格（Beaux Arts）著称，这在圣彼德斯堡是一种少见的建筑风格。

· 圣彼德斯堡市政厅

圣彼德斯堡市政厅建于 1939 年，是圣彼德斯堡在罗斯福"公共项目管理"政策之下修建的为数不多的建筑物之一。这栋大楼室内外都保持了最初设计的完整性，建筑设计出自美国知名建筑师劳瑟·福瑞斯特（A. Lowther Forrest）之手，工程设计师是保罗·约尔根森（Paul Jorgensen），建筑施工承建方是当地知名的科拉尔松工程公司（R.E. Clarson）。

· 斯内尔拱廊

斯内尔拱廊（Snell Arcade）建于 1928 年，由理查德·基内尔（Richard Kiehnel）设计，用以纪念佩里·斯内尔（Perry Snell，圣彼德斯堡城市发展初期的杰出开发者）。拱廊的设计是典型的地中海复兴建筑风格；20 世纪 10 年代，基内尔通过迈阿密埃尔花园（El Jardin）的设计将这一风格引入佛罗里达州。基内尔还设计过格尔夫波特的罗里埃特酒店（Rolyat Hotel），现在那里是思特森法学院（Stetson Law School）的校园。

· 大剧院

大剧院建于 1924 年，也是地中海复兴风格，是当地有名的舞厅和娱乐场所。建筑设计出自埃斯里克（T.H. Eslick），开发者是卡伦公司（C.F. Cullen），几十年里曾经吸引诸多大牌明星在此演出。

2

希谢恩公园

景观设计： SANALarc建筑事务所

项目地点： 土耳其，伊斯坦布尔

1. 高处形成一个观景平台
2. 广场鸟瞰

地理环境

希谢恩公园（Sishane Park）在伊斯坦布尔市中心的公共环境中是一个独特而大胆的存在。它夹在贝约格鲁路（Beyoglu）和塔拉巴锡路（Tarlabasi）之间，建于20世纪70年代，里面有个消防站，滨水而建，毗邻一条繁华的公路。鉴于此，希谢恩公园的设计旨在利用地形上的优势，使人能够360度纵览伊斯坦布尔过去和未来的城市文化。设计目标是让附近居民和游客能尽情享受这个独特的市区环境中独有的自然气息，迥异于我们在拥挤的市中心区所常见的城市环境。希谢恩公园以开阔的视野为特色，景观以伊斯坦布尔黄金角海湾的植被为主。它是一个宽阔的开放式公共空间，可以用于举办各种文化活动；同时，这里也有较为私密的环境，适合在树荫下休息、游戏，邀朋会友，

共度欢乐时光。其独特的几何结构和台地构造，完美克服了地下停车场带来的不便。这里不再是城市边缘可有可无的夹缝空间，它将成为伊斯坦布尔未来城市生活中一个重要的标志性环境。

与伊斯坦布尔其他的公园不同，希谢恩公园以一种全新的非传统的方式，渗透进城市的街道。希谢恩公园在形态上有三大特色：曲折的小径、台地和户外空间。这些元素以丰富的景观绿化来融合，景观所用植被采用黄金角海湾特有的品种，越发凸显了环境的舒适宜人之感，令人心旷神怡。设计目标是为公众提供高品质的公共生活空间，使人能亲密接触到自然元素，比如木质栏杆，可以靠在上面休息，使人在纷繁复杂的城市环境中享受片刻清闲。可以说，各个年龄段的人群都能在希谢恩公园找到适合他们的环境，享受美妙的环境体验。

地形分析图

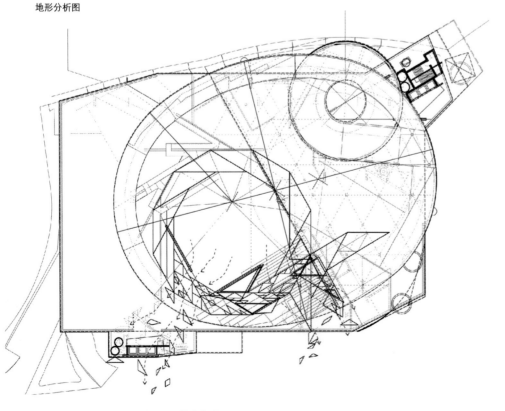

项目名称：

希谢恩公园

竣工时间：

2014年

主持设计师：

缪拉·沙纳尔（Murat Şanal）、亚历克

西斯·沙纳尔（Alexis Şanal）

委托客户：

伊斯坦布尔市政府、卡拉柯伊房地

产开发公司（Karaköy Realestate

Development PPP.）

用地面积：

6,065平方米

摄影：

olivve.com、亚历克西斯·沙纳尔、缪

拉·沙纳尔

商业中心与地下停车场

公园与伊斯坦布尔的公共及私属交通系统的多模式联运给公共空间增添了活力。公园与希谢恩地铁站直接相连，将行人引至换乘站和卡瑟姆帕夏（Kasimpasa）。1000 个车位的停车场解决了停车问题。照明系统采用动作感应器，楼梯井内采用 LED 灯，节约了照明所需能源。停车场顶层是露天的，自然采光，下面五层采用对流通风和自动风扇系统。采用雨水收集系统，用于停车场上方大面积的屋顶绿化灌溉。绿化面积占总面积的 30%；设置木板平台；选用浅色花岗岩……这些都大大有助于缓和"城市热岛效应"的负面影响。景观、雨水收集系统以及透水铺装的设计也能降低这个项目对该地区雨水排放基础设施的影响。

1、2. 高处平台与低处广场之间有 12 米的高差

另一方面，这里也是商业中心，是商业零售和文化活动的平台。交通枢纽站的设置让公园与整个城市形成了高效的交通动线。

独特的地理与自然环境

随着季节变化、日夜交替，受益于公园便利的设施，文化活动及不同人群的自发活动在此蓬勃兴起，带给人们亲切而丰富的体验。在材料的选择上，力求带来熟悉和亲切感。除了常规材料，还使用了有别于城市硬朗表面的材质，使环境质感富于叙事性，引发人们对这个城市的无限遐思。

从上层的入口到地下通道之间 12 米的高差，是整个设计最富挑战性的地方。设计采用了台地的方式，将挑战转变为机遇。上层台地相当于一个观景台，在这里可以欣赏黄金角海湾的植被，有助于改善六车道的塔拉巴锡路的拥挤、噪声和污染问题。中间层的台地营造出一个规整、安全的户外空间。第三级台地保证了停车场入口层充足的自然采光和通风。台地上设置座椅。植被和台地有助于缓和市中心和旁边六车道公路的噪声污染。

设计团队的目标是将希谢恩公园打造成为通往加拉塔（Galata）以及贝约格鲁其他地区的门户，同时也是连接卡瑟姆帕夏区社会生活的纽带。它将使人们能与这座城市丰富的自然环境建立起牢固的连接，同时也提供了一个新的文化活动平台，让公众参与到城市的公共文化生活中。

1、2. 顶部露天停车场
3. 采用废水回收系统，营造大面积的屋顶绿化（占总面积的 30%）

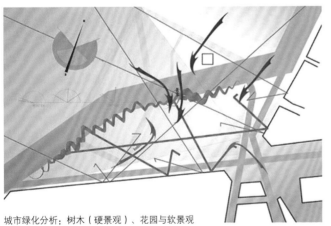

城市绿化分析：树木（硬景观）、花园与软景观

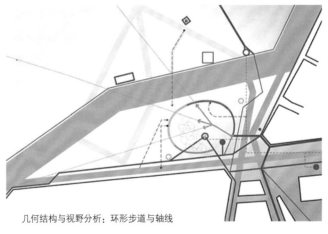

几何结构与视野分析：环形步道与轴线

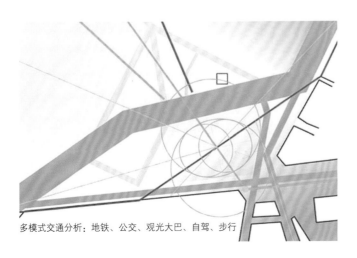

多模式交通分析：地铁、公交、观光大巴、自驾、步行

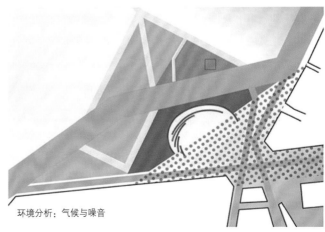

环境分析：气候与噪音

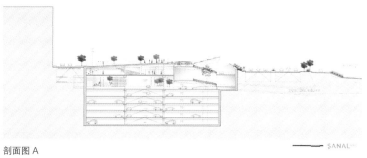

剖面图 A

ŞANAL

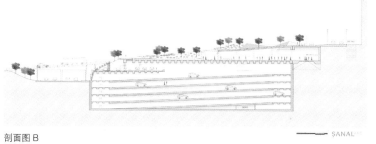

剖面图 B

ŞANAL

1. 夕阳下的木板平台
2、3. 宽敞的开放式空间可以举办各种文化活动
4、5. 享受静谧的休闲时光

维热广场重建

项目地点：加拿大，蒙特利尔
建设规划：一期工程2017-2018；二期工程2018-2020
当前状态：设计规划（一期工程详细规划中）
设计内容：公共空间、公园、花园、凉亭、喷泉

蒙特利尔的维热广场（Viger Square），经过加拿大NIPPAYSAGE景观事务所的彻底重建后，即将重现昔日的光辉。

2017年春季，重建工作将从一期工程开始，涉及广场西侧的两个街区，是蒙特利尔历史悠久的老城区，有375年的历史。东侧的两个街区将是二期工程的重点，重建后将完成蒙特利尔老城区之外第一个广场的复兴规划。

历史背景

维热广场是蒙特利尔首个大型公共广场，西侧是居伊-弗雷戈街（Guy-Frégault St.），东侧是圣安德烈街（Saint-André St.），北侧是维热街（Viger Ave.），南侧是圣昂图万街（Saint-Antoine St.）。19世纪，它是加拿大最大的公共广场，繁华煊赫，设计上有着传统公共园林的精致。

20世纪20年代，讲法语的精英人士住宅区北迁，从此广场地区逐渐开始衰落，1929年的破产风潮更是加速了衰落的进程。从1963年到1984年，广场下方开始兴建地铁隧道和玛丽城高速公路隧道（Ville-Marie Expressway），导致广场的拆除和重建。尽管有三位来自加拿大现代主义运动中的杰出艺术家参与了当时的重建设计（分别是夏尔·道德兰（Charles Daudelin）、克劳德·泰贝热（Claude Théberge）和彼得·加纳斯（Peter Gnass）），广场却没能恢复其昔日光彩。

NIPPAYSAGE景观事务所合伙人、景观设计师米歇尔·朗之万（Michel Langevin）表示："广场之前的设计和开发反映了当时的规划观念，包括：广场周围像高速公路一样的车道；以混凝土隔墙分离街区；大量独立空间的划分；缺乏开放性、阳光和自然景观；欠缺功能多样化或者其他的规划，不能促进公众对空间的使用。所有这些因素必然导致广场的衰落，乃至最终被一小部分的边缘化人群占据。"

景观设计/城市设计：NIPPAYSAGE景观事务所
景观设计师：米歇尔·朗之万（Michel Langevin）、马蒂厄·卡萨翁（Mathieu Casavant）
建筑设计/城市设计：普罗文切–罗伊建筑事务所（Provencher_Roy）
照明设计：Lightemotion照明公司

委托客户：蒙特利尔公园、绿化与皇家园林服务部
面积：34,500平方米（总面积）/15,200平方米（一期工程）

城市环境

　　维热广场是蒙特利尔的标志性公共空间,最大的特点就是周围古老的建筑物,其中几个的设计还是出自知名建筑师之手。广场北侧是魁北克国家图书馆与档案馆,从前是高等商业学校。南侧是前维热酒店和火车站,建于1898年,设计师是布鲁斯·普里斯(Bruce Price)——魁北克市芳堤娜城堡饭店(Château Frontenac)就是出自他的设计。

　　这个地区的重建工程将让维热广场重新为公众所使用,这在很大程度上要归功于未来维热酒店和火车站的重建,将增加商业零售和办公空间,还有全新的蒙特利尔大学医疗中心(CHUM)也即将建成开放。

　　米歇尔·朗之万表示:"我们的设计任务是为广场的预期使用群体带来全新的创意环境,既尊重周围历史悠久的建筑,又保留20世纪80年代艺术家们留下的印记。"

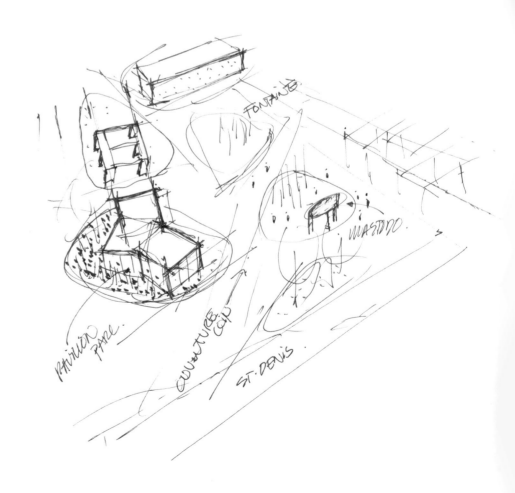

亲和力与包容性

维热广场的整体设计图景围绕着以下几个元素展开。亲和力:目标是营造和谐的环境,缓和导致广场衰落的因素;包容性:设置多样化的活动区,目标是满足所有使用群体的需求;融合性:融入周围环境,确保广场空间完美融入城市脉络;纪念性:重塑广场的标志性形象,恢复其历史纪念意义。

NIPPAYSAGE景观事务所的设计团队,在经过咨询专业人士、征求相关各方的意见之后,与委托方蒙特利尔公园、绿化与皇家园林服务部(Service des grands parcs, du verdissement et du Mont-Royal)一同确立了多元化的设计目标,包括:广场整体要形成标志性的独特形象;空间要开放,视野要通透;活动区域集中在一条纵向主轴线上;大量的绿化(尽管地下高速公路带来土壤深度的限制);

凸显周围历史悠久的建筑;减少机动车空间,优化行人通行;可持续的雨水径流管理。

维热广场的重建也给附近街道重新布局带来契机,更加方便了行人和自行车通行。街道上的停车位将减少。东西向的小路将进行优化,使用更高效,行人进入维热广场更加安全,减少街道的高速公路特征。

混合型景观

为了吸引多元化的使用群体,维热广场决定采用混合型景观,包含多种景观理念:广场、公共空间、公园、花园以及公共艺术。

广场上将设置多种活动空间,比如配置庭院的咖啡厅、公共卫生间以及与蒙特利尔自行车租赁系统(BIXI Montréal)合作开发的、在贝里街(Berri Street)原有自行车道边设置的自行车活动空间。此外,还配置大量的树木和绿色植物。因此,使用者可以充分利用并享受广场空间。维热广场也可以作为各类大型公共活动的举办场地,比如音乐会和节日庆典等。

咖啡厅及其庭院位于道德兰街区（Daudelin），由普罗文切–罗伊建筑事务所设计，为广场注入活力，同时也跟周围景观和公共艺术十分协调。普罗文切–罗伊建筑事务所合伙人、建筑师克劳德•普罗文切（Claude Provencher）表示："咖啡厅由三个玻璃和钢材结构体构成，既十分醒目，又与旁边雕塑大师夏尔•道德兰的设计作品相得益彰，两者都有着通透的结构和独特、鲜明的轮廓。"

各个年龄段的使用群体都能很好地利用这个广场。这里有互动式喷泉、乒乓球台、健身器械、滑板区、多功能运动区以及法式滚球场。冬季也有很多活动可以参加，这里有滑冰场、圣诞集市、平底雪橇滑雪山，庭院有供暖，还有烘托节日氛围的照明。

绿化

设计师沿地下高速公路设置了东西向的轴线，既是公共空间，也是步行道，又是四个街区的衔接元素。宏大的城市环境体量，体现在超大型长椅和照明灯具上，还有精心布置的艺术品以及看似随意的交通动线布置。

景观轴线上设置了一系列趣味元素，包括临时的街道小品，极具辨识度。一系列小花园以奇异造型的景观为特色。互动式景观的设计让人可以与植物亲密接触，这也是维热广场的一大特色。

绿化区占据了广场面积的一半，其中大部分布置在轴线两侧。这样，地下高速公路带来的土壤层深度不够的问题就得以化解，可以栽种多个品种的大树冠乔木。设计师与S.M.工程咨询公司（Consultants S.M. Inc.）合作，开发了可持续的雨水径流管理。

突出公共艺术

公共艺术的突出主要体现在维热广场的中央。

在谢尼埃街区（Chénier），有德裔美国雕塑家阿方索•佩尔策（Alphonso Pelzer）于1895年设计的作品，纪念爱国主义者让–奥利维耶•谢尼埃医生（Jean-Olivier Chénier，死于1837年的圣厄斯塔什之役）。这座雕塑经过修复后，将移至谢尼埃街区的中央。

在道德兰街区，设计重点放在集市上，包括由夏尔•道德兰设计的名为"Mastodo"的喷泉。喷泉功能将得到部分修复，位置也移动到水景附近，定会如其设计师希望的那样，为广场带来生机。喷泉会引起人们的好奇心，带给人们期待与惊喜。

公共空间　　　　　休闲区　　　　　公园设施

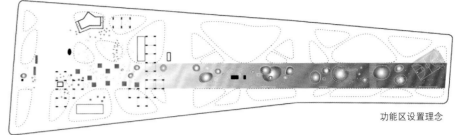

功能区设置理念

激活轴线

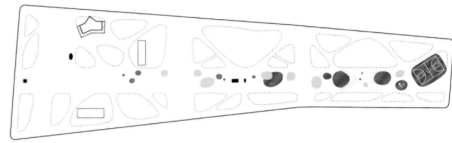

冬季功能区设置理念

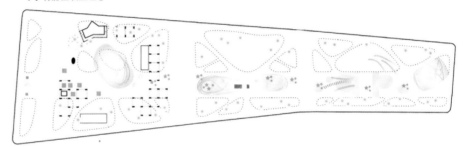

多样化乔木栽种

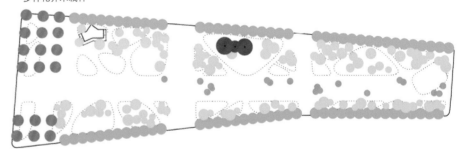

草坪、雨水花园与观赏花园

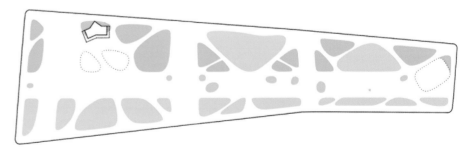

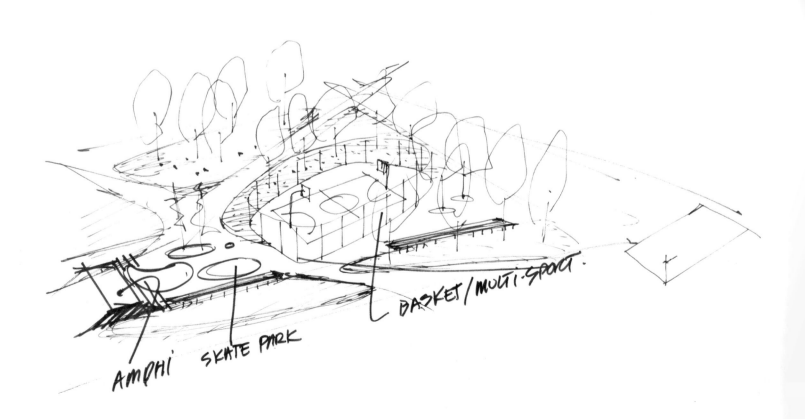

广场上原有22个混凝土藤架，在设计过程中，这是相关各方讨论的重点。最终，设计决定保留18个藤架，去掉棚顶。这些藤架也是出自夏尔·道德兰的设计。保留其中一部分，既能打通空间，又能保留环境的艺术完整性。这种平衡将赋予藤架新的生命，使其融入新的环境，这种新环境强调的是绿色、安全、可持续。

在泰贝热街区（Théberge），克劳德·泰贝热设计的混凝土喷泉维持原地不动，进行修复，修补裂缝，并用照明进行美化。

在戈纳斯街区（Gnass），彼得·戈纳斯（Peter Gnass）设计的喷泉用现代喷泉进行替换，新喷泉是对原设计的一种现代的诠释。

照明

照明的理念来自Lightemotion照明设计公司，设计初衷是凸显广场上的建筑元素以及植被。照明也有助于提升广场的安全性，偶尔还能营造奇幻的照明效果，让广场更有生机。

Lightemotion照明公司董事、设计总监弗朗索瓦·卢比尼昂（François Roupinian）表示："就像在剧院里一样，照明设备不是供人观赏的。相反，主轴线上安装大量投光机的目的是让光源消失，达到某种程度上的灵活照明。主轴的照明目标是突出建筑元素。"

NIPPAYSAGE景观事务所与合作设计方共同打造的维热广场设计方案，采用包容性的设计，切实融入广场历史悠久的环境，传承了这一地区在建筑、艺术与景观方面的传统。

NIPPAYSAGE景观事务所简介

NIPPAYSAGE景观事务所成立于2001年，由五位合伙人联合创办，都是蒙特利尔大学景观设计学院的毕业生，毕业后曾在美国知名设计公司历练。NIPPAYSAGE景观事务所很快就凭借原创性的设计树立了口碑，参与了众多设计竞赛，在不同领域内完成了大量设计实践。在项目领导上积累了重要经验后，公司设计的大型项目飞速增加。2012年，NIPPAYSAGE参加了加拿大的一项设计竞赛——蒙特利尔史密斯散步道（Promenade Smith），从中脱颖而出，一举成名。如今，NIPPAYSAGE的设计团队中有13名主持设计师，目前正分别主持不同的大型项目设计，包括：蒙特利尔大学医疗中心、约瑟夫·韦纳广场（Place Joseph-Venne）、蒙特利尔港客运枢纽站、蒙特利尔大学乌特蒙分校（Outremont）四边形庭院以及维热广场重建项目等。

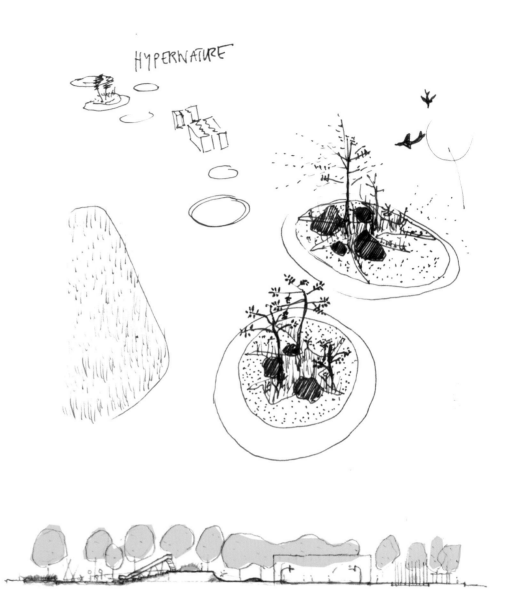

圣彼德斯堡市区滨水环境改造

文：迈克尔·布朗

历史背景

圣彼德斯堡滨水区（Downtown Waterfront）长久以来一直是这座城市中最重要的区域。1888年，彼得·狄曼斯（Peter A. Demens）主持修建了橙带铁路（Orange Belt Railway），在这条铁路线的末端便形成了这片滨水区，随后迅速发展为工业重地，有发电厂、水产品加工厂、木材堆置场以及数不胜数的厂房仓库。到1900年，工业活动损害了滨水区的形象，与此同时，旅游业逐渐发展，矛盾开始显现，公众迫切需要滨水区开发能够为市民所用的公共环境。1902年，商业贸易局（圣彼德斯堡商会的前身）发起了有关滨水区未来发展的讨论，通过了一项决议，要在第二大道和第五大道之间开发一座滨水公园。这项决议得到了《圣彼德斯堡时报》的编辑威廉·斯特劳布（William Straub）的支持，此后斯特劳布一直致力于滨水公园的开发和相关信息的出版。

1905年，J.M.路易斯（J. M. Lewis）提出了他的规划。在这个规划中，他计划将几乎整个滨水区打造成一座公园。他的这项规划成为1906年政府大选中的一项重要议题，滨水区改造的支持者最终赢得了市议会中的多数席位。新组建的议会很快通过了一项决议，要取得滨水区的土地使用权。到1909年底，滨水区大部分的土地使用权已经归政府所有。

据可靠历史资料显示，1915年至1919年，滨水区大部分的水淹地都进行了回填。1917年至1918年，佛罗里达立法局通过了一项特殊法案，赋予市政府使用这些回填水淹地的权力，包括从"咖啡壶河口"（Coffee Pot Bayou）一直到拉辛公园（Lassing Park）。

今天的整个滨水区都是经过回填处理的。从1918年到1923年间，市政府取得了剩余几个地点的土地使用权，开始了改造工程，旨在改善滨水区环境，给市民创造更多的公共活动空间。

市政府的章程中有一条专门针对滨水区的条款，要求滨水区公园中任何资产，如要售卖、捐赠或出租超过市政府取得的租赁授权期限，必须先经过投票通过。

为保护并改善滨水区环境，使其成为全球知名的滨水旅游胜地，2011年11月，圣彼德斯堡市投票通过了一个市政章程修正案，批准了滨水区总体规划的正式开始。

总体规划的目标是首次为滨水区营造整体的环境形象，同时，勾勒出决定滨水区未来发展的指导方针框架。在这个总体规划中，指导方针体现在"滨水区五项原则""滨水区综合需求"以及六个"区域概念规划"中。

这幅照片摄于1907年，展示了当年用于垂钓的铁路码头，这里用于船舶停靠

1926年的市政码头是当地社区居民喜爱的休闲之处

1936年的航拍，市中心区和滨水区整体进行绿化改造

艾奕康：以公众为导向的设计

艾奕康（AECOM）打造的圣彼德斯堡滨水区总体规划，采用以公众为导向的设计方式。原来的滨水区没有得到充分利用，只有少数人群在使用。城市的发展让这一地区的开发变得多样性，市政府决定将滨水区作为满足这种多样性需求的重点开发项目。设计面临的挑战是，滨水区需要满足所有市民的需求。

圣彼德斯堡滨水区总体规划是一个综合性的规划项目，需要打造一个为全体市民服务的公共休闲空间。规划方案广泛征求了公众的意见，让居民参与到设计中来。设计团队提出一系列围绕"社区"的主题并得到公众的认可，由此确立了总体规划的框架。总体规划方案围绕"滨水区五项原则"展开：

1. 树立市民对滨水环境的主人翁感

2. 强化市民的亲水体验

3. 丰富滨水公园的公共活动

4. 激发滨水区的商业活力

5. "滨水区+商业区"结合

总体规划的设计旨在满足社区居民的近期基本需求，并确定未来需要长期重点改造的区域。规划框架将绵延11千米的滨水区内的不同区域连接为一个统一的整体。

吸收公众意见

听取公众以及相关各方的意见，这项工作通过多个渠道来进行，包括启动大会、四次实地考察、五次社区讨论会、四次社区推广会、一次青年互动研讨会、20多次相关各方参与的会议、一次社会调查以及各种网上调研活动等。

初次的启动大会象征着圣彼德斯堡滨水区总体规划项目正式开始听取来自公众的意见。艾奕康邀请市民积极参加启动大会，了解规划的过程，提供反馈意见。会上，副市长康尼卡·托马林博士（Kanika Tomalin）面对约300名与会者发表讲话，表示希望通过大家的讨论，共同描绘滨水区的未来愿景。大会提供了宣传册以及其他形式的资料，与会者可以将资料带回家与亲朋好友讨论。与会者就他们对滨水区的愿望和关注的问题展开了深入讨论，活动进行直至深夜。

在征求公众意见的过程中，艾奕康邀请所有市民亲身到滨水区的各处走一走，作为一种互动式实地考察，希望从中发现问题，包括道路设置、空间布局、安全性、功能性以及商业开发的潜能等。

实地考察是听取公众意见的一种有效方式，公众可以通过亲身走访去感受环境的优缺点，为设计师提供中肯的意见。参加实地考察的市民按既定线路组队走访，沿途遇到感兴趣的地方就停下来讨论。参与者要按照要求的固定格式来记录他们的走访过程。

在拉辛公园的设计中，市民参与了实地考察

在征求公众意见的活动中，这位女士作为市民代表，对设计团队表达了她对市中心滨水区未来发展的向往

来自当地社区的年轻人也有机会描述他们心中渴望的滨水公园

设计团队还组织了一次青年互动研讨会，邀请社区中的年轻人说出他们的想法，讲述他们心目中的滨水区应该是什么样子，以及他们在这样的环境中希望进行哪些活动。设计团队首先简要地向他们介绍了滨水区总体规划方案，并强调了他们的意见对设计过程的重要性。设计师准备了一系列有关滨水区未来开发的问题，由年轻人来回答。年轻人讨论了他们对滨水区的想法，包括他们想要改变的以及他们想在那里做什么。讨论后，年轻人参与了设计师的设计工作，并给设计师提出意见。设计师给年轻人发放了滨水区常见活动和环境的图片，外加沙滩水疗公园（Spa Beach Park）的一张鸟瞰图，然后让他们将他们希望在公园中看到的部分剪下来，贴在鸟瞰图上，即：用剪纸来"设计"公园。有些人还选择使用马克笔来让设计更加丰富。最终完成的"拼贴画"如上页图3所示。这个最终的设计进行了公开展示。

为了将意见采纳的范围尽量拓宽，设计团队还开发了一个网站，里面有这个项目的背景信息、相关规划与报告、地图、计划表以及其他最新的信息。此外，圣彼德斯堡的"脸书"（Facebook）和"推特"（Twitter）官方账号上也即时发布有关项目设计进程的最新消息。

2014年秋季，设计团队发起了圣彼德斯堡滨水区开发社会调查，希望以此确立滨水区开发的重点。这次调查的设计旨在在全市范围内听取广泛的意见，得到具有统计价值的数据。调查委托ETC市场调研公司（ETC/Leisure Vision）通过邮件、网络和电话等多个渠道进行。

5页纸的调查问卷随机寄送至全市各地的2500户家庭。每户收到邮件三日后，还会收到一条语音信息，敦促他们完成调查问卷。此外，邮件发出大约两周后，调查小组开始通过电话联系被调查人。如果对方表示没有寄还调查问卷，他们也可以选择直接在电话里完成调查。

调查目标是收集至少500份反馈。调查小组完成了这一目标，实际收集调查问卷694份。其中，492份问卷来自滨水区附近居民，另外202份问卷来自其他地区。694份随机调查问卷平均达到95%的可信度，准确率不低于±3.7%。

滨水区规划设计启动

几个月的意见收集过程中，设计团队进行了大量访谈，倾听了来自数百人的意见，包括普通居民、商户、社区领导人以及其他关注圣彼德斯堡滨水区未来开发的人群。这类访谈包括大规模的座谈会，也包括小团体的谈话，包括在居民区中的走访，也包括InnoVision网站上以及通过其他社交媒体进行的在线访谈。访谈的内容包括公众的看法、普遍关注的问题、他们眼中滨水区的价值以及一些具体的改造意见等。

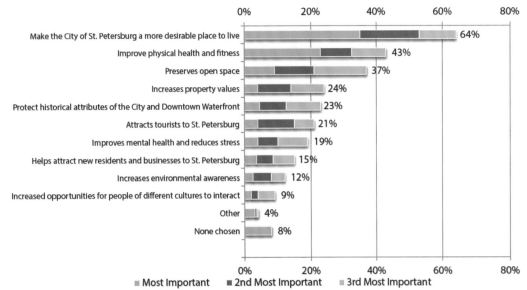

Benefits of the Downtown Waterfront

	Most Important / 2nd Most Important / 3rd Most Important	Total
Make the City of St. Petersburg a more desirable place to live		64%
Improve physical health and fitness		43%
Preserves open space		37%
Increases property values		24%
Protect historical attributes of the City and Downtown Waterfront		23%
Attracts tourists to St. Petersburg		21%
Improves mental health and reduces stress		19%
Helps attract new residents and businesses to St. Petersburg		15%
Increases environmental awareness		12%
Increased opportunities for people of different cultures to interact		9%
Other		4%
None chosen		8%

■ Most Important　■ 2nd Most Important　■ 3rd Most Important

Source: Leisure Vision/ETC Institute for the City of St. Petersburg (December 2014)

科学的公众调查数据分析为设计团队的规划提供了重要信息

StPeteInnovision.com网站是这个项目的线上交流重点。这个网站就相当于一个"网上市政厅"，社区成员注册后可以在这里就具体的话题进行讨论，上传图片，表达自己的想法，或者就别人提交的意见发表评论。如果用户看到自己赞同的意见或评论，可以进行点赞加分。不同程度的参与会给予不同的奖励。随着规划进程的推进，这个论坛也一直鼓励公众给予反馈。

访谈中得到的意见和建议可以分为五类，设计师将其总结为"滨水区五项原则"：

1. 树立市民对滨水环境的主人翁感；

2. 强化市民的亲水体验；

3. 丰富滨水公园的公共活动；

4. 激发滨水区的商业活力；

5. "滨水区+商业区"结合。

其中每一项之下都有很多具体的问题，这些问题共同决定了滨水区规划的框架。为了更好地理解这些问题，我们将其划分为三种程度的改造，即：

革新式改造。革新式改造是指滨水区长远的、大规模的改造，对城市乃至该地区具有较大影响。这类改造包括：增加自然栖息地面积，改善野生动物栖息环境；增加防波堤，强化码头功能；打造滨水区多模式交通，拉近人与水的距离；在未充分开发的土地上兴建景点。

Plan Themes: Five Dimensions of the Waterfront

1 Stewardship of the Waterfront Environment
Developing a sustainable relationship between the natural and built environments

2 Enhancing the Experience of the Water
Expanding St. Petersburg as a waterfront destination for boaters and non-boaters

3 An Active Waterfront Parks System
Diversifying the activities of the waterfront to meet a growing community's needs

4 Economically Vibrant Downtown Places
Leveraging the economic potential of in-water and upland areas along the water's edge

5 A Connected, Accessible Downtown + Waterfront
Creating continuous linkages, service oriented parking + transit, and increased public access to the waterfront

Levels of Enhancement

Each of these dimensions has specific issues associated with it that will drive the planning process. To better understand the component issues they can be divided into three levels of enhancement, described below. The following pages classify the common themes and issues identified in the public outreach process.

Transformative Change

Targeted Enhancements

Baseline Needs

简单的规划原则和实施策略让公众很容易理解项目设计与规划背后的原因

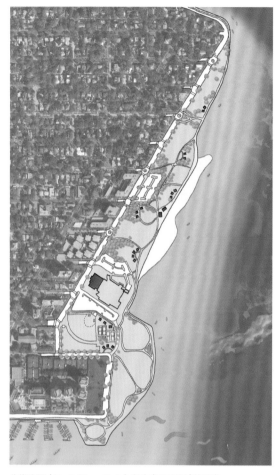

北岸公园（North Shore Park）和沙滩区是设计的重点

针对性改造。针对性改造是指分阶段完成的改造项目，分别有不同的合作伙伴投资，丰富滨水区的文化休闲活动。这类改造包括：通过码头洼地改善水循环；提供更多临时性的小型码头；增建公共卫生间和滨水活动场地；丰富水上交通的方式。

基本需求改造。基本需求改造是指可以在短期内以较低成本完成的改造。这类改造包括：采用"低影响开发"模式，保护水源；采用适宜佛罗里达州气候环境的树木，为滨水区带来阴凉；增加座椅、垃圾桶、导视标识以及其他基础设施，为滨水公园带来更好的环境体验；改善滨水区的自行车租赁服务。

打造可持续滨水区

滨水区总体规划是对这个环境未来发展的愿景规划框架，它的重点在于为城市环境内的这一核心区域注入活力，既强化公共空间的使用功能，又美化市区环境，同时，通过私人投资的方式焕发区域经济活力。规划的成功在于，相关各方参与到设计中来，提出他们的想法，设计团队深入广泛地收集社区民众的意见，其中的每一项改造真正做到自然环境、建筑环境和社会环境相融合。这种融合提供了一个平台，既能改善滨水区生态环境，又有助于提升滨水区环境体验，同时，对环境变化导致的自然灾害也起到保护的作用。

手绘图。站在码头边可以眺望市区。防波堤可以缓和风暴大浪，同时也为野生动物提供了栖息地

这种融合式的规划方式对于打造可持续的滨水区环境、实现规划愿景至关重要。设计采用一系列因地制宜的、灵活的指导方针，针对当前面临的问题，注重设计策略的实际操作性，让我们在面对城市未来开发的不确定性时，能够增强立足当下的信心。

滨水区总体规划让圣彼德斯堡向可持续城市开发迈出了关键一步，通过因地制宜的规划策略，保护自然环境和建筑环境，为我们指出一个"与自然共生"的开发范式转变。这个规划也提供了一个平台，让我们对城市可持续发展的讨论上升到一个新高度，让公众意识到可持续性对城市未来发展的重要性。

滨水区改造项目所在区域绵延约11千米，由不同的地块组成，所有权不同，使用功能不同，对社区的价值也不同。总体规划中明确划分出其中一系列重点区域，称为"特色地区"。规划方案针对每个特色地区的特点，提出了不同的建议。尊重每个地区的特色，这也会让滨水区的整体环境更加丰富多样，更有魅力，更具可持续性。

公园改造规划

在社区讨论会上明确确认的公园的价值之一，就是要为公众提供消磨白天时光的场所。公园的环境必须进行彻底改造，为市民提供更加舒适的休闲环境。公园的游客应该可以选择参加不同的活动，并且不论白天夜晚，都能感到舒适、安全。树荫、座椅、照明、自动饮水器等，这些公园的基础设施要完备，满足社区居民基本所需。在规划案中，原公共卫生间的地点准备开发成公园的休闲活动枢纽，包含一系列小型公共空间，售卖食品，租赁小艇和各种水上活动设备。一系列野餐亭设置在适当的地点，为游客提供阴凉的休闲环境。

北岸公园和沙滩区是海湾附近的公共活动枢纽

公园内的土地改造成浅滩，栽种植物，雨水在这里经过收集和处理，再排入海湾

人行桥是市区与滨水区之间的重要衔接

城市雨水径流直接排入海湾

雨水管理改造

设计中需要仔细考虑公园的雨水排放问题。公园未充分利用的绿地中，可以将一小部分用于雨水排放。将收集雨水的洼地布置在水源附近，可以减少排水管的长度，节约开支，也能减少洼地占用的面积。设计采用一系列小型洼地的形式，以免大型洼地对公园的土地形态造成影响。

体育、文化、休闲区的新布局

马哈菲剧院（Mahaffey Theater）和达利博物馆（Dali Museum）附近是进行文娱空间开发的重点区域。原来的地面停车空间具有极大的开发潜能。达利博物馆西侧以及原有室内停车场南侧，应该留待以后进行博物馆的扩建，约有6000平方米。原有室内停车场可以满足马哈菲剧院、达利博物馆以及其他文娱场所及其配套商业零售空间的停车需求。室内停车场南侧以及第

四大道南侧的地方，可以进行进一步的商业开发，用以辅助马哈菲剧院和达利博物馆的功能，比如文化场馆、公共活动场所和配套商业零售空间等。公共活动场所不包括会展中心或酒店。第二大道和第四大道之间的阿尔朗体育场（Al Lang Stadium）附近空间，也应该进行与体育设施相关的再开发，包括配套商业零售空间。这只是宏观的开发概念，具体的设计要根据用地的情况进行因地制宜的灵活变化，最终实现规划目标，打造出生机勃勃的多功能公共环境。根据这一规划，未来产生的收益将用于滨水区总体规划中其他区域的改造。从理念开发到实施的过程可能需要遵循一些条例法规，或者需要进行公投。因此，前期的社区参与就成为必不可少的步骤，以便确保整个过程的公开透明。

改善行人与自行车通行情况

为了将拉辛公园和盐溪区（Salt Creek District）衔接起来，规划方案中采

街道改造成为公共广场，是附近各种体育、文化和休闲场所的户外活动空间

某些街道作为滨水区与市区之间的重要衔接，进行了全面改造，满足多模式交通的需求

手绘平面图，红色的部分是新建建筑，蕴含了再开发的无限商机

原滨水区用于停车

设计理念手绘图。滨水区改造成真正为公众所用的环境

用了一条多功能步道,沿着滨水区纵向布置。这样的设计需要与反对方进行协商,反对方是在这一带经营买卖的商铺,还可能涉及土地交换以及与安全相关的设计考量。设计团队与相关方达成了不同的协议,保证了这条步道将滨水区和拉辛公园衔接起来。

拉辛公园与市中心之间的衔接受到盐溪(Salt Creek)和贝伯勒港(Bayboro Harbor)的限制。为方便非机动车的交通通行,沿第三大道将修建一条多功能步道,用以改善南北之间的衔接。这条步道将带来更加安全、舒适的体验,也是鼓励公众在滨水区采用非机动车的交通通行方式。

拓展行人区:边缘空间

滨水区原来的边缘空间主要是机动车停车区。将机动车赶走,把空间还给行人,将有助于打造亲切的公共环境。这个规划并不是说要将所有的机动车停车区都屏除在滨水区外,而是将这个边缘空间留给行人。停车空间另有安排,而这些空间也是滨水区规划的一部分,不会影响整体宜居空间的环境体验。

结语

圣彼德斯堡滨水区总体规划的设计过程将重点放在鼓励社区民众共同探讨滨水区的未来。这个规划得到了数千民众的参与,并致力于实现他们心中的愿景。规划将给各行各业的人们带来更多的公共休闲娱乐的机会,去享受滨水环境,也让滨水环境给社区生活带来活力。"革新式改造""针对性改造"和"基本需求改造",将公共活动空间建设重新纳入城市开发重点项目。随着规划项目的实施,可能会出现新的挑战,我们可以根据上述规划中所述的方法,找到解决之道。

规划方案对滨水区的公共土地和私人土地都将带来根本性的改变。其中的每一个改造项目都涉及多方人员,需要大家共同设想未来开发的概念。这些项目经过改造,公共设施得到升级,公众的基本公共活动需求将得到更好的满足。这一点可以很简单,比如在开启地下空间进行设备维修时,扩展自行车道;或者也可以采取长期策略,系统地解决本规划中指出的滨水区的需求问题。

滨水区面临的挑战是艰巨的,但是,其中的一些改造项目,公众、政府以及相关各方已经实现了集思广益、解决问题,打造滨水区完美的休闲环境。这些成功经验告诉我们,各方合作,致力于实现共同的愿景,这样的规划方式至关重要。这样的规划过程已经为我们确立了整体框架,在这个框架之下,在滨水区愿景的实现中,政府将起到促进的作用。私人开发商应该认清他们在

码头区改造成以行人为主导的滨水公共空间

其中应该扮演的角色，因为他们已经认识到，与这个规划相符合的开发项目将给他们——也给这座城市——带来更大的商业成功。

为实现上述愿景，政府、公众以及私人开发商都必须支持规划中确立的发展框架。圣彼德斯堡很幸运，背靠坦帕湾（Tampa Bay），有着丰富的自然资源可供利用。而这座城市的成功无疑要归功于过去的城市领导人所做的明智决策。今天，这种智慧的领导传统仍将继续滋养滨水区的未来开发。这也是一种公共资源，服务于圣彼德斯堡广大市民以及未来来自世界各地的游客。

所有图片由艾奕康提供。

滨水区经过改造，成为当地的休闲胜地，展示了这座城市的航海历史。同时，与市中心的紧密衔接也使得这里蕴含了无限开发商机。

迈克尔·布朗

迈克尔·布朗（Michael J. Brown），艾奕康（AECOM全球咨询集团）职业景观设计师。布朗的职业生涯涉猎了多种类型的景观设计，包括公园、街道、民用建筑、医疗建筑、园区环境、城市设计、多功能项目以及城区环境的景观开发等。布朗的项目主要集中在佛罗里达中部和西雅图。这些项目反映了布朗的兴趣所在和专业能力，尤其是户外空间的设计，兼顾了空间的社会功能和环境的可持续发展。布朗尤其对可持续基础设施情有独钟，常在项目设计中融入可持续元素，同时兼顾成本效益。

打造美观、实用、令人难忘的城市环境
——访德国景观设计师斯特凡·罗贝尔

斯特凡·罗贝尔

斯特凡·罗贝尔（Steffan Robel），1972年生于德国皮尔玛森斯市，A24景观事务所（A24 Landschaft）创始人、执行董事，曾在柏林工业大学（TU Berlin）和荷兰劳伦斯坦农业大学（Internationale Agrarische Hogeschool Larenstein）学习景观建筑，在德国魏玛学习施工管理。在2005年创办A24景观事务所之前，罗贝尔从事过多种职业，曾在汉堡港口城市大学（HafenCity University Hamburg）和安哈尔特应用技术大学（Hochschule Anhalt）任讲师。罗贝尔的设计作品曾在德国国内外获得各类奖项。自2006年以来，罗贝尔一直担任设计竞赛评审员。

景观实录：活力、安全、绿色、健康，这是世界上大部分城市希望创建的生活环境。在您看来，城市应该如何为市民创造最佳的居住环境？

罗贝尔：绿色开放式空间对城市居民的生活质量起到至关重要的作用，是人们休闲聚会、体验自然、参与社会活动的重要场所。新型的公园鼓励民众的参与，以此提升社会凝聚力。城市绿化空间的这种积极的作用正变得越来越重要，越来越受到人们的重视，公园逐渐成为城市的地标环境，比如纽约的高线公园（High Line）。

景观实录：据说现在世界上一半的人口生活在城市，也就是说，世界的一半是城市环境。景观设计在城市环境更新中应该扮演怎样的角色？

罗贝尔：城市和景观已经不再是对立面了。对景观设计来说，城市和景观对立关系的消解，为我们将景观与自然融入城市的功能空间创造了机遇。公园成为一种开放式空间的综合体，将各种功能空间结合在一起，包括传统的核心功能——文化娱乐功能，也有附加功能，比如城市园艺。举例来说，德国Kohlelager公园是Estienne-et-Foch营区的一部

Estienne-et-Foch 营区改造。摄影：Kohlelager

分。它是市区与生态栖息地之间的重要过渡地带，也是各种休闲、体育设施的聚集地。

景观实录：如何在保持原有地形和历史风貌的基础上开展景观设计？

罗贝尔：任何一个地方都需要仔细地去理解和诠释。用地原有的情况可以进一步开发，其独特性可以发扬光大。然而，这并不意味着我们就可以抄袭历史。相反，我们要将既有元素与新的环境结合。还是以Kohlelager公园为例，我们将游乐和体育设施融入原来杂草丛生的环境中，诠释了如何通过新的设计和使用功能来表现空间特色。

景观实录：Estienne-et-Foch营区项目最大的特色是什么？营区更新改造的决定是怎样形成的？设计中如何将既有元素融入新的环境？

罗贝尔：Kohlelager公园的游乐设施与Estienne-et-Foch营区原有建筑的结合，是更新重建类项目的完美范例。原有的军事训练场地直接跟新的环境无缝衔接。作为有着将近200年历史的军事用地，营区因为植被的生长而呈现出独一无二的环境特色，多年来已经形成了一片人迹罕至的生态栖息地——艾本博格自然保护区（Ebenberg Nature Reserve）。营区的大部分场地不适合改造成居民区，原有的设施进行了拆除。只有少部分的建筑保留下来。在原规划结构和空地的基础上，我们打造了新的环境构成，景观与建筑相结合的布局，让这里成为城市与自然的过渡地带。

景观实录：做城市景观更新类项目，最重要的是什么？

罗贝尔：对新的设计和新的功能来说，最重要的是要让原有的自然环境融入设计之中，头脑中永远不要忘记生态环境这一点。这样，环境的景观美学与用地的生物多样性就巧妙地结合起来。在Estienne-et-Foch营区的设计中，我们希望让设计与自然保护区的环境和谐共存，为市民的文娱休闲生活打造一种现代的、适合不同年龄群体的环境。由于自然环境不断变化以及环境功能的开放式设计，这里总是处在不断的变化之中，而不是形成一个固定的景观环境的形象。

景观实录：有没有什么人曾经深刻地影响到您对城市环境更新设计的理解？您对这类公共环境的期望是什么？

罗贝尔：我们这一代景观设计师是看着一批后工业景观项目的神奇改造成长起来的。这些项目将从前的工业环境改造成美观实用的休闲公园，比如拉茨景观事务所（Latz + Partner）设计的德国鲁尔区的杜伊斯堡北部景观公园（Duisburg Nord Landscape Park）。他们对原有的工业建筑进行了全新的诠释，赋予它们新的使用功能，大胆的设计令人印象深刻。杜塞尔多夫摄影学派（Düsseldorf School）——代表人物是贝歇夫妇：伯恩·贝歇（Bernd Becher）和希拉·贝歇（Hilla Becher），曾经系统地拍摄大量的工业建筑遗迹——让我们的工业遗产改造项目成为公众的焦点，并赋予其全新的、不同的意义。我们几乎所有的此类项目都是运用这样的策略，赋予建筑和景观新的价值——赋予原有的但却隐藏的、被人遗忘的建筑以新的生命。

景观实录：更新重建类项目有哪些限制？设计这类项目您会用哪些策略？

罗贝尔："历史主义"是景观设计的一个陷阱，它不让我们增加新的东西。我们应该不断挑战自我，不管是在设计美学上，还是在设计的社会功能上。我们现在正在做德国韦因斯塔特市的一个公园项目。在这个项目中，"参与式设计"、公园所有者的构成

以及未来使用人群的构成和公园的维护，都是重点考虑的要素。我们以前没做过这样的设计，所以我们现在也不知道最终的设计结果会是什么样的。

景观实录：近年来有哪些您感兴趣的项目？

罗贝尔：今天，正如城市人口正在向多样化发展，我们看到的景观设计项目也越来越多种多样。规划方案不再局限于固定的预期结果，而是开放式的，根据使用者和未来社会的需求而变化。比如柏林就有很多这样的项目，不局限于现有的内容，而是在不断改良、变化，比如格雷斯德里克公园（Gleisdreieck Park）和滕珀尔霍夫公园（Tempelhofer Feld）。同时，我认为景观设计是将碎片空间结合起来，让环境特色显露出来，打造美观的、实用的、令人难忘的公共环境。

景观实录：最后，回顾您的设计生涯，您对有意踏入景观设计行业的年轻人有什么建议？

罗贝尔：根据项目用地的特点进行因地制宜的设计，打造独一无二的环境，寻找属于你自己的方式方法，不要追求那些全球通用的时髦。

所有图片由詹姆斯·尤因（James Ewing）提供。

Estienne-et-Foch 营区改造。摄影：Kohlelager

贝龙
澳派景观设计工作室亚洲区总监

作为澳派景观设计工作室亚洲区总监，贝龙先生（Stephen Buckle）是一名极富激情、创意的知名国际景观设计大师，他的作品以极具创意的现代设计风格、对自由思想和对细节处理的完美追求而著称。

贝龙先生善于创新、追求完美，在工作中他不断尝试将景观设计、艺术和城市设计相互融合，其作品给人以独特、印象深刻的体验。

贝龙先生的作品饱含了现代设计哲学，每一个作品都十分独特，设计灵感都来源于他对当地人文、环境、气候和地质地貌的感知，因此每个设计不仅凸显了项目的独特魅力，也体现出他敢于挑战如今传统刻板设计的创新精神。

景观与城市更新

——访澳派景观设计工作室亚洲区总监贝龙

景观实录：活力、安全、绿色、健康，这是世界上大部分城市希望创建的生活环境。在您看来，城市应该如何为市民创造最佳的居住环境？

贝龙：创造宜居的城市环境，首先要在"城市"这一维度上去理解、规划和控制城市的开发，城市规划和设计的策略要有严格的管理和指导方针，符合"创建宜居城市"的终极目标。

综合性可持续开发策略是在多种维度上规划和影响城市开发的关键。这种策略必须是真正致力于绿色城市开发，关注环境、碳排放和可持续性。

城市设计的指导方针可以平衡往往由经济主导的开发市场。我们应该更关注社区环境和城市环境的长远建设。每个开发项目都应该营造出一个公共空间，这个空间关注的应该是人，而不是物。现在，互动式数字设计已经很普遍，我们不能低估以人为导向的环境的重要性——在这样的环境中，社区居民会更有凝聚力，形成他们共有的社区文化。城市的公共空间应该是以人为导向的，因为它是我们的生活上演的舞台。

澳派景观设计工作室的设计宗旨是：打造具有幸福感的场所。我们设计以人为导向的环境，满足来自

哈特作坊游乐场。摄影：唐·布莱斯（Don Brice）

社区和环境的各类复杂的需求。以人为导向的环境让人更愿意长久地停留，正因如此，也带给环境更多人气和活力，有助于拉动当地经济，形成长远的影响。

景观实录：据说现在世界上一半的人口生活在城市，也就是说，世界的一半是城市环境。景观设计在城市环境更新中应该扮演怎样的角色？

贝龙：景观设计应该根据一个城市的市民的特定的文化、环境和社会需求来打造。如果没有经过良好规划的城市景观，我们的城市会是碎片化的，而不是一个完整的整体。因此，景观设计在城市环境的开发和更新中所起到的作用，从未像现在这样重要。

今天的城市景观已经不仅仅是视觉美观的要求了。城市景观更新需要进行良好的规划，不仅要充分尊重过去的历史，结合当前的需求，还要为未来的可持续发展奠定基础。

景观实录：如何在保持原有地形和历史风貌的基础上开展景观设计？

贝龙：原有环境特色的保护不应该只局限在地形和历史风貌上。作为设计师，我们应该发现所有的既定环境元素，并且思考如何将其融入设计，使之影响或支持我们最终的设计。

设计师的任务是去理解和考虑所有的因素，让设计满足所有要求，同时，努力达到让社会和环境双赢的最佳效果。

当我们开始着手一个项目的设计，如果条件允许我们保留用地上的既定元素或特色，那么，我们就需要有足够的时间来了解用地及其独特性所在。你可以亲自到用地上走一走，看看有哪些既有元素和历史元素，评估一下哪些有保留的必要和价值。另外，设计师去亲身体验用地环境，在一天之中不同的时段，在不同的季节，甚至在不同的年份，用眼睛去看，用心去感受它的独特性，这能给设计师的思考带来更多的维度。

景观实录：做城市景观更新类项目，最重要的是什么？

贝龙：在我看来，城市景观更新设计最重要的原则就是：要为从前荒废的或者不起眼的地方注入新的生命。如何注入新的生命？答案是：新的生命来自人。关注社区文化和社区居民的需求，这对设计至关重要。以人为导向的设计能够保证城市景观更新项目的长远成功。

景观实录：最后，回顾您几十年的设计生涯，您对有意踏入景观设计行业的年轻人有什么建议？

贝龙：首先要认清，景观设计师这个职业有很多方向。不要轻易选择哪个方向，你得跟这个职业接触足够长的时间，才能了解它涉及的范围之广，这里面有景观规划、生态设计、城市设计、现场施工、项目管理、历史古迹的处理、园艺设计，等等。了解之后，根据你的个人兴趣，再做选择。有兴趣才有激情，而激情尤为重要！它是确保你未来真正全心投入工作的基础。

我们所做的工作的方方面面，全都是致力于自然环境与建筑环境的保护和更新改造。我们的设计会影响到环境以及生活于其中的人们，因此，我们肩上有一种责任。

景观设计是一项事业，而不仅仅是一份工作。你即将踏入的这个行业，需要你的激情、责任和奉献。希望你们把全身心的投入献给它。

悉尼高线公园 (The Goods Line)。摄影：福莱恩·格罗恩（Forian Groehn）

深入了解背景，挖掘创新机遇

——访华人景观设计师郝培晨

郝培晨

郝培晨，美国里德+希尔德布兰德景观事务所（Reed Hilderbrand，马萨诸塞州，坎布里奇市）景观设计师，哈佛大学设计研究生院（GSD）景观设计专业硕士，并在哈佛获得美国景观设计师协会（ASLA）荣誉证书。郝培晨的设计涉猎广泛，包括城市广场、园区规划、高档私人住宅景观设计等。学生时代设计作品曾获得2015年美国景观设计师协会学生优异设计奖——分析规划类设计的最高奖项。目前，郝培晨的设计主要关注现代景观的文化潜能开发，发挥景观设计的生态功能，致力于城市环境的更新改造。

景观实录: 活力、安全、绿色、健康，这是世界上大部分城市希望创建的生活环境。在您看来，城市应该如何为市民创造最佳的居住环境?

郝培晨: 城市作为社会人口的一种组织结构，在城市发展的各种问题的解决上，不可避免地要受到政治制约。也就是说，城市开发要遵照各种法律法规，在相关部门的监督管理之下，寻找一种折中的解决方式，满足城市持续健康发展的要求。

健康的、可持续的城市，从规划和管理的角度上来说（我认为这也是一个至关重要的角度），应该听取来自各方的意见，同时保有一种魄力，能够在城市的宏观整体发展上做出大胆决策。应该发掘公共信息共享的潜能，促进有关城市开发的公开讨论和交流。举例来说，近期北京和上海关于街道违建商铺的过度清理就发起了网上讨论。社交媒体的流行大大拓展了信息共享的可能性，不过，对这类讨论如何进行反馈，目前还没有建立适当的方法。

Long Dock 公园。摄影：詹姆斯·尤因（James Ewing）

从景观设计师的角度来说，在现代科技的支持下，城市开发的透明性得以提升，不仅体现在公共环境的改善，也体现在个体通过社交网络和大数据分析的参与上。在这样的背景下，城市开发可以变得更加公开透明。更多人分享城市发展的成功喜悦，问题的解决也更加容易；同时，解决问题的步调也要跟上新信息涌现的步调。从前那种由精英来领导的传统方式也逐渐变成更受欢迎的圆桌会议模式，这在某种程度上可以帮助有效收集信息，提供解决方案。

景观实录：据说现在世界上一半的人口生活在城市，也就是说，世界的一半是城市环境。景观设计在城市环境更新中应该扮演怎样的角色？

郝培晨：我想这个问题归根结底是关于景观设计对现代城市化的作用。资本的力量可以驱动社会进入高速的城市化进程。但是，即便土地进行了城市化建设，有了基础设施和现代化建筑，城市依然不能算是完整的。"嵌入式"的景观设计是19世纪末美国规划师和景观设计师采用的策略，以此来保护珍贵的城市土地为公众所用。经过100年的发展，我们要让城市"发展完整"的任务从未完成，我们仍然面临着与之前一样的城市化问题，但是我们现在面对的环境可要复杂得多。

如果进一步深入这个话题，其实对于规划师和景观设计师来说，我们从未有过比现在更好的机会，能够仔细回顾19世纪末美国的一批早期项目案例，那个时期的工业化建设让曾经的市区中心变成工厂林立的工业区，充满了烟雾、疾病以及其他各种不安全因素，严重影响了居民生活环境。当时，美国景观设计学的奠基人弗雷德里克·奥姆斯特德（Frederick Law Olmsted）以及其他几位景观设计师和规划师主持了一批"嵌入式"公园和绿地的建设。随着纽约中央公园（Central Park）、布鲁克林希望公园（Prospect Park）以及波士顿"绿宝石项链"带状滨水公园（Emerald Necklace）等一批项目的建成，"城市公园"的概念获得了全新的定义。景观的功能不再只局限于营造美观的环境和风景，更重要的是，它是促进健康生活的一种手段，是房地产开发和经济发展的催化剂。随着时间流逝，这些经典的公园已经成为珍贵的城市遗产，在城市中保留了未被建筑占据的土地，这比城市中的任何建筑都更有影响力。

在很多地方，尤其是在中国，建筑仍然被视为比公共空间或景观更为重要。景观设计界的领军人物们正在努力解决这个问题，但是景观的重要性在公众的意识中仍然是被低估的。这是我们共同面临的问题，也是我们通过合作提升景观行业影响力的机遇。

景观实录：如何在保持原有地形和历史风貌的基础上开展景观设计？

郝培晨：在这样的情况下，你所面临的挑战是去设计，而不是去保持。换句话说，设计师的工作应该是如何去创造性地利用既有条件，而不只是简单的尊重原有的一切。你甚至可以很极端的清除原有一切，只要你有足够的调查研究和论证作为背后的支持。保护并不意味着乏味。设计师要大胆抓住机会去创造有趣的环境。我觉得对于这种情况来说，如何在"创造"和"尊重"之间求得平衡，是最大的挑战。

景观实录：在纽约"Long Dock滨河公园"这个项目中，您如何做到将既有元素融入新的设计？

郝培晨：这个项目因为获得2015年美国景观设计师协会综合设计类优秀奖（ASLA Award of Excellence）而广为人知。同时它也是一座湿地公园，由一个受到污染的铁路车场成功改造而来。主持这个项目的设计师是加里·希尔德布兰德（Gary Hilderbrand）、克里斯多夫·莫伊尔斯（Christopher Moyles）和布里·门多萨（Brie Mendozza），他们的设计推进了这片从前的工业用地和垃圾堆积场的改造计划，使之成为一片健康的公共绿地，重新定义了哈得孙河谷（Hudson Valley）滨水区的形态。一期工程于2009年竣工开放，包括一条木板道以及由DIA基金会（Dia Foundation）赞助、由乔治·特拉卡（George Trakas）根据用地环境特别打造的雕塑作品。二期工程于2011年竣工，包括两栋建筑，都是由ARO建筑事务所设计。一个是艺术与环境教育中心，由一座历史悠久的谷仓改造而成；另一个是新建的建筑，用于皮艇的存放和出租，建在河谷的中央。弧形的交通动线布置以及大高差的地形，形成了这座公园的景观特色，与远处的山脉和哈得孙河交相辉映。

Long Dock滨河公园是个特别的案例，它展示了如何利用景观来解决复杂的用地问题。2008年的

时候，这个项目不仅面临着经济萧条的大环境，并因此导致其中的一个酒店开发项目最终流产，而且还要去积极解决哈得孙河每年的洪涝问题。因此，对这个项目来说，更新改造不能只依靠保护原有的东西，而是要将原有的混凝土板进行新的利用，作为铺装的基本材料，或者沿着原来的铁路线来规划新的道路。植物的选择更加重要，目标是让用地形成一种可持续的形态，来面对复杂的环境条件和社会条件。正如2015年美国景观设计师协会评委会所说，"该项目与哈得孙河完美融合，既符合成本效益，又在细节上做得很好。它打造了宏观的景观环境，同时，设计师也营造了舒适的休闲空间。"更进一步来说，成功的更新改造项目应该不只是涉及保护历史，而是要去处理当下的问题，并且拥有适应未来的能力。

景观实录：做城市景观更新类项目，最重要的是什么？

郝培晨：我认为最重要的是项目用地的既有条件和周围环境。对更新改造项目来说，肯定逃不开用地复杂的背景这个问题，包括环境背景、社会背景和历史背景。一个项目的启动应该建立在对周围环境充分掌握的基础上，而不能去试图避开这个问题。

景观实录：有没有什么人曾经深刻地影响到您对城市环境更新设计的理解？您对这类公共环境的期望是什么？

郝培晨：我的老师加里·希尔德布兰德，也是我现在在里德+希尔德布兰德景观事务所的老板。他带给我的启发是一个非常重要的理念，那就是：关注城市景观的使用寿命。对这一点的关注总会让我们对设计的方方面面都全力以赴，从细节的雕琢到材料的选择，从协调施工的过程到未来的维护方法。他认为设计的关注点不应该只放在视觉可见的美观问题上；外观上看不见的也要关注，比如土壤、地下结构、排水设施等。景观设计师有责任去探索并展现地下的复杂情况，让公众去认识城市景观真正意义上的可持续性。马萨诸塞州波士顿的中央码头广场（Central Wharf Plaza），就是这类设计的一个很好的例子，使用了"结构土壤"、复杂的管线体系和通气设计，作为整个广场的基础，让树根能在地下自由伸展。这样的设计与希尔德布兰德的理念不谋而合，关注景观在复杂城市环境下的生存。从我的角度来说，这样的理念对于城市有更重要的意

Long Dock 公园。摄影：詹姆斯·尤因（James Ewing）

Long Dock 公园。摄影：詹姆斯·尤因（James Ewing）

义，尽管大多数景观设计师的关注点是它所带来的景观设计的新形态和新的材料构成。

景观实录：更新重建类项目有哪些限制？设计这类项目您会用哪些策略？

郝培晨：这里我要说，一个项目的所有限制条件，都能变成设计的机遇。更加不可控制的因素来自公众的解读。现在，与公众分享信息变得更容易了，这时设计师就尤其要小心。这也是我强调沟通交流的原因。即：在设计的过程中让公众随时能了解最新信息。尤其是公共环境类的项目，委托方、设计方、当地居民以及环境未来的使用者之间如何实现透明的沟通，这是在做出最后的设计决策之前就应该想好的，这也应该被视为不同文化背景下设计的一条通用法则，不论这类沟通的实现面临多大的障碍。这应该是景观设计师的一种责任，也是像奥姆斯特德这样的早期景观设计师给我们的启发。

景观实录：近年来有哪些您感兴趣的项目？

郝培晨：如今，美丽的景观项目随处可见。正如我前面数次提到的，现在信息分享比从前容易得多。但是，项目仍然可能是在图片上看起来美轮美奂，但实际上却是失败的。我更愿意看到那样的项目：给人的第一印象是它原创性的理念，但仍然保有景观和园艺上精致的细节和手工技艺的传统。能够设计、建造像纽约中央公园和"绿宝石项链"公园那样能够存在几个世纪的经典项目，是每个景观设计师最渴望看到的结果。这应该是值得在我们这个行业中推广的一个理念。

景观实录：最后，回顾您的设计生涯，您对有意踏入景观设计行业的年轻人有什么建议？

郝培晨：我想借用美国知名景观设计师凯瑟琳·古斯塔夫森（Kathryn Gustafson）在哈佛大学的一次演讲中的话，作为一条一般性建议：

"突然冒出来的想法是很危险的；你要去寻找想法。"

作为针对更新改造设计的建议，我想简单强调一点：低调设计，尊重环境。年轻设计师，也包括我自己，很容易被那些成果即时可见的设计所吸引，却忽视了项目长远的影响和可持续性。针对这种情况，过去的项目（至少有10年历史）可以作为研究借鉴的范本，我们可以思考其中的设计意图和创意在今天是否依然有价值，在当今的背景条件下重新发掘那些设计的意义。进行这样的探索有助于挖掘设计思考中的真正价值。我不是在简单地否决创新的必要性，而是在强调设计原则对环境营造的重要性——近来这一点被视为是次要的，而我认为，这能够帮助我们为任何类型的景观设计建立坚实的基础，不只是更新改造类项目。